できる
イラストで学ぶ
ILLUST de MANABU

入社1年目からの

Excel関数
エクセル

尾崎裕子＆できるシリーズ編集部 著

インプレス

ご購入・ご利用の前に必ずお読みください

本書は、2021年5月現在の情報をもとに「Microsoft 365」のExcelの操作について解説しています。下段に記載の「本書の前提」と異なる環境の場合、または本書発行後に「Microsoft 365」のExcelの機能や操作方法、画面などが変更された場合、本書の掲載内容通りに操作できない可能性があります。本書発行後の情報については、弊社のホームページ(https://book.impress.co.jp/)などで可能な限りお知らせいたしますが、すべての情報の即時掲載ならびに、確実な解決をお約束することはできかねます。本書の運用により生じる、直接的、または間接的な損害について、著者ならびに弊社では一切の責任を負いかねます。あらかじめご理解、ご了承ください。

本書で紹介している内容のご質問につきましては、巻末をご参照の上、お問い合わせフォームかメールにてお問い合わせください。電話やFAXなどでのご質問には対応しておりません。また、本書の発行後に発生した利用手順やサービスの変更に関しては、お答えしかねる場合があることをご了承ください。

●練習用ファイルについて

本書で使用する練習用ファイルは、弊社Webサイトからダウンロードできます。
練習用ファイルと書籍を併用することで、より理解が深まります。

▼練習用ファイルのダウンロードページ
https://book.impress.co.jp/books/1120101133

●本書の前提

本書では「Windows 10」に「Microsoft 365 Personal」がインストールされているパソコンで、インターネットに常時接続されている環境を前提に画面を再現しています。そのほかのExecl 2019、2016などの場合、一部画面や操作が異なることがあります。

まえがき

私は長く企業内のさまざまなITトレーニングに携わっていますが、人気が高いのは相変わらずExcel関数です。関数が使えたらもっと効率よくできるのに、と実感される方が多いのでしょう。そのような方々に関数を説明するとき申し訳なく思うのは解説が長くなる点です。便利な関数ほど知っておくべき情報がたくさんあり、どうしても長くなってしまうのです。

その点、本書では可愛くんと猫山くんが一役買ってくれました。ふたりが発する疑問に答えたり、課題にいっしょ取り組んだりすることで、情報を整理してお伝えできたのではないかと思っています。

読者のみなさまにはふたりを見守りつつ読み進めていただき、ともに「なるほど！」、「へぇ。」と思っていただければ著者としてこんなにうれしいことはありません。可愛くん、猫山くんの笑顔がみなさまの関数学習の励みになることを願っています。

2021年5月　尾崎裕子

CONTENTS

第1章 関数でExcelを使いこなそう

第2章 関数を使おう

第3章 よく使われる関数から覚えよう

第4章 IFを含む関数を使いこなそう

第5章 関数エキスパートを目指そう

第1章

関数でExcelを使いこなそう

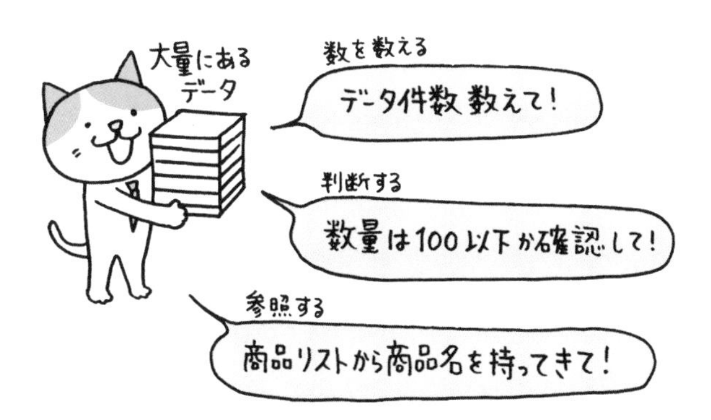

PROLOGUE

猫山くん、可愛くん。A支店とB支店から売上データが上がってきたから、それぞれ商品別の合計を出してくれる？

はい、わかりました！

じゃ、ぼくはA支店を集計するね。

了解。それじゃぼくはB支店。えーっと、データ件数1,000件超えてるよ！　これを商品ごとに仕分けるの？　残業決定……。可愛くんのほうはどう？

商品ごとの仕分けは終わったよ。

え、もう？　マジック？

うん、商品名で並べ替えるというマジックだよ。あとは、商品ごとに合計すればいいんだけど、ここからどうしたものか……。

並べ替え、その手があったか！　さすがExcel得意な可愛くん！

おふたりさん、「並べ替え」とか聞こえたけど、大丈夫？　サムなんとか関数を使えばパパっとできるよ……。

サムなんとか関数！？（サム関数なら知ってるけど……。）

サムなんとか缶！？（缶詰？　おいしいのかな？）

どうやら初耳みたいだね。よし、今日は商品別の売上はいいから、一日関数の勉強に時間をあてよう。

は、はい！

というわけで、新人のふたりは力を合わせてExcel関数を勉強することになりました。ふたりが無事に関数を使いこなせるようになるのか、一緒に追いかけてみましょう。

登場人物紹介

可愛くん

Excelの表・グラフ作成は得意。関数を本格的に勉強するのは初めて。

猫山くん

Excelはちょっと苦手だけど発想力は誰にも負けない。可愛くんに頼りがちだが、学習意欲は旺盛。

課長

可愛くんと猫山くんの上司。2人の成長を温かく見守っている。

LESSON 01 関数でできること

関数ってなに？

関数を使うと合計、平均だけじゃなくいろんな計算ができるらしいよ。

いろんな計算？　ぼく、サイン、コサインとか聞いただけで頭痛がしちゃう。

多分、そっち方向じゃないと思うよ……。

SECTION 1 関数はなぜ必要？

会社には日々発生するいろいろなデータがあります。小売業ならいつ何が売れたかという売上データ、製造業なら製品をいつ何個生産したかという生産高データ、**日々さまざまなデータが発生**しています。これらはただ蓄積するだけでは意味がありません。**集計を行うことではじめて役に立つデータ**になります。そのとき欠かせないのが関数です。

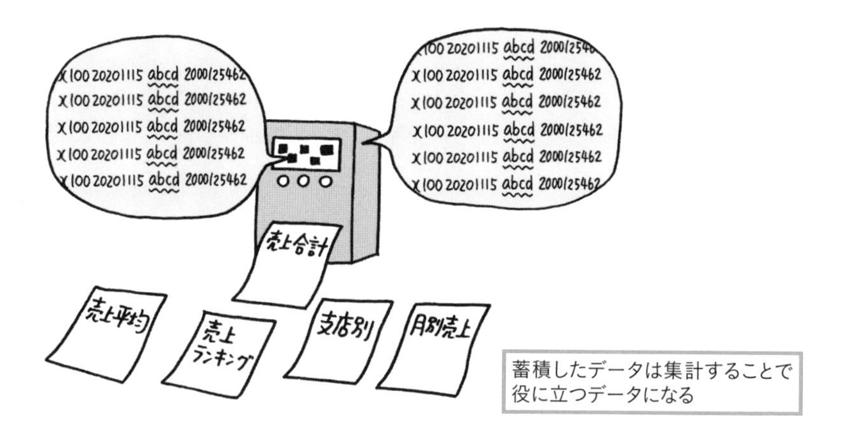

蓄積したデータは集計することで役に立つデータになる

データの集計というと、合計や平均ですが、さらにデータを活用するには、過去のデータと比較したり、全体の中で評価したり、いろいろな計算が必要です。関数はそうした集計や計算を簡単にしてくれるのです。

身近な例に置き換えてみる？　営業販売部のぼくらは売上を上げるためにいろいろ考えるのが仕事。

そうだね。売れるものをガンガン売りたい！

自分の担当する仕事にも日々データは発生しています。それを目的に応じて集計、計算すればデータの活用になります。可愛くん、猫山くんの場合、売上データです。過去のデータを集計して売れ筋商品を見極めれば、販売戦略も立てやすいでしょう。こんなときこそ関数の出番です。**関数なら膨大なデータから売上No.1を一発で探し当てることができます。**もし関数が使えないとすると、仕事の効率は悪くてしかたありません。

また、関数は蓄積されたデータを集計、計算するだけではありません。身近な事務処理を関数で効率よくすることができます。労働時間や工数の管理、見積書などの定型文書の作成、アンケートの集計など、Excelを使うあらゆる場面で関数は欠かせません。

よし、関数使って計算しまくるぞ！
一番食べた缶詰を調べてみたいな！

そんなデータ記録してるんだ…。

SECTION

2 関数は計算だけではない

関数ではいろいろな計算ができますが、実は計算以外の“**処理**”も得意です。その代表は「数を数える」という処理。データの数を数えるという仕事を関数が代わりに片づけてくれます。ほかにも、条件に合っているかどうかを「判断する」、別の場所のデータを「参照する」というような処理も関数は得意です。

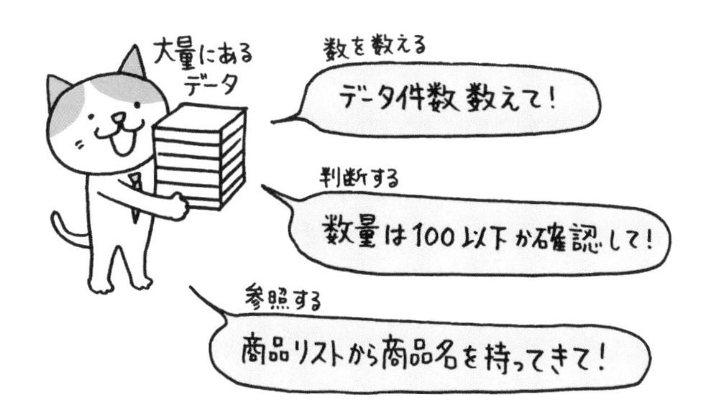

また、“処理”は数字データだけが対象ではありません。**文字や日付、時間のデータも処理することができます**。たとえば、全角文字を半角文字に変換したり、日付データから曜日を自動表示したりなどさまざまです。こうした関数をより多く理解することでアイデアが広がり、データをうまく活用することができます。Excelのデータを使って何かしたいとき、関数で解決できないか考えてみましょう。

関数でできること

1.合計や平均などデータの集計

2.比較・評価などのいろいろな計算

3.数える・判断する・参照するなどの処理

4.文字を変換するなどの処理

5.日付や時間の計算や処理

住所録の修正が、猫の手も借りたいほど大変だったんだよ。そういうのもできるんじゃ？

できるよ！　どんなことができるか興味わいてきたよね。

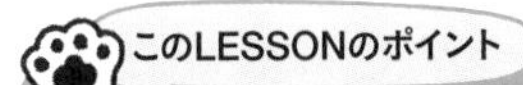

- データは貯めるだけじゃダメ。関数を使って活用しよう
- 関数は数字、文字、日付、時間のあらゆるデータを計算・処理できる
- Excelのデータで何かしたいとき関数が使えないか考えてみよう

LESSON 02

[オートSUM]ボタン

[オートSUM]ボタンで関数を使ってみよう

よし、じゃあ、さっそく関数を使ってみよう！　Σのマークのボタンを押すんだっけ？

[オートSUM（サム）]ボタンのことね。まずはやっぱりそこからだよね。

SECTION 練習用ファイル ▶ 01_02_01.xlsx

1 [オートSUM]ボタンを使ってみよう

関数を使うには、関数の名前や計算のための数値を指定する必要がありますが、よく使うSUM関数は**[オートSUM]ボタンだけで指定**できるようになっています。ここでは、「きつねうどん」の4～7月の売上合計を[オートSUM]ボタンで計算してみましょう。

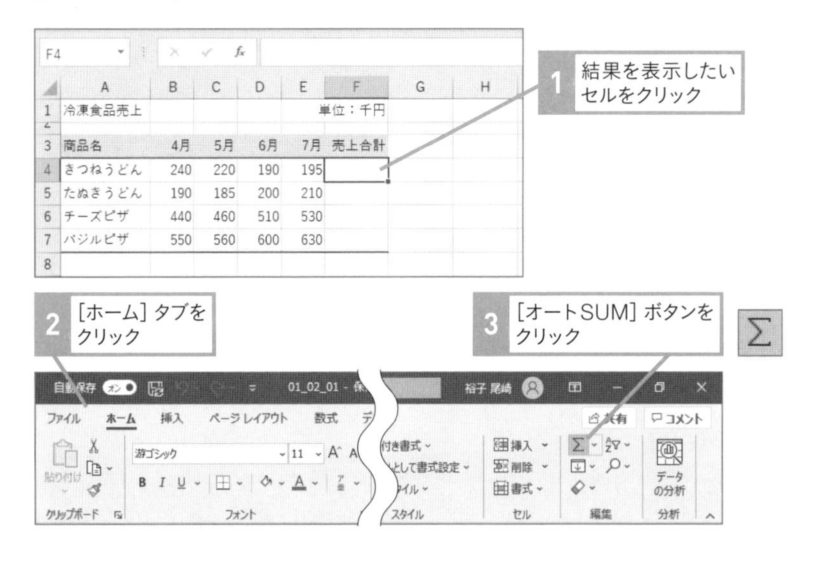

1 結果を表示したいセルをクリック
2 [ホーム] タブをクリック
3 [オートSUM] ボタンをクリック

	A	B	C	D	E	F	G	H
1	冷凍食品売上					単位：千円		
2								
3	商品名	4月	5月	6月	7月	売上合計		
4	きつねうどん	240	220	190	195			
5	たぬきうどん	190	185	200	210			
6	チーズピザ	440	460	510	530			
7	バジルピザ	550	560	600	630			
8								

合計したい範囲が自動的に指定された

範囲が間違っている場合は、正しい範囲をドラッグする

SUM　=SUM(B4:E4)

	A	B	C	D	E	F	G	H
1	冷凍食品売上					単位：千円		
2								
3	商品名	4月	5月	6月	7月	売上合計		
4	きつねうどん	240	220	190	195	=SUM(B4:E4)		
5	たぬきうどん	190	185	200	210	SUM(数値1, [数値2], ...)		
6	チーズピザ	440	460	510	530			
7	バジルピザ	550	560	600	630			
8								

4 範囲が正しければ、再度［オートSUM］ボタンをクリック

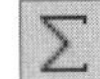

自動的に指定された範囲が間違っていることもあるので注意！

操作4では［オートSUM］ボタンを使ってるけど、代わりに Enter キーでもOKだよ。

合計が表示された

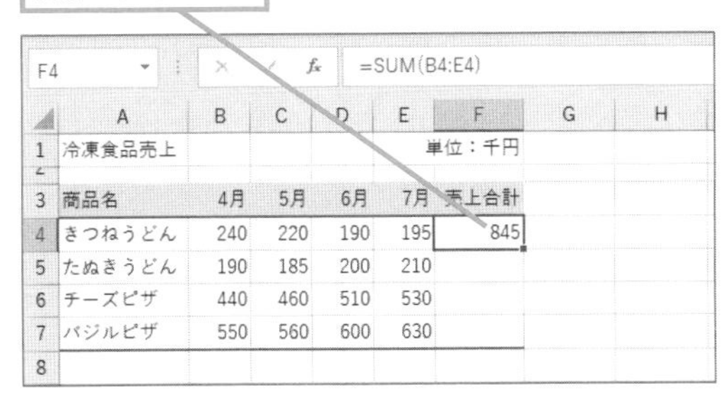

F4　=SUM(B4:E4)

	A	B	C	D	E	F	G	H
1	冷凍食品売上					単位：千円		
2								
3	商品名	4月	5月	6月	7月	売上合計		
4	きつねうどん	240	220	190	195	845		
5	たぬきうどん	190	185	200	210			
6	チーズピザ	440	460	510	530			
7	バジルピザ	550	560	600	630			
8								

STEP UP!

［オートSUM］ボタンで入力される関数

［オートSUM］ボタンでは、合計を計算するSUM関数を入力することができます。ここでは「=SUM(B4:E4)」と入力されます。これは「セルB4からE4までの数値の合計を表示する」という意味です。詳しくは第2章で紹介します。

SECTION

2 AVERAGE関数も[オートSUM]ボタンで簡単

[オートSUM]ボタンって合計だけじゃないの知ってる?

え?　SUMボタンなのに?

そうなんだよ。平均も出せるんだよ。

▶[オートSUM]ボタンで平均を求める　練習用ファイル▶01_02_02.xlsx

[オートSUM] ボタンはプルダウンメニューから平均も計算することができます。**平均を求める関数はAVERAGE関数**です。合計のSUM関数と同じく、範囲に間違いがないか必ず確認しましょう。

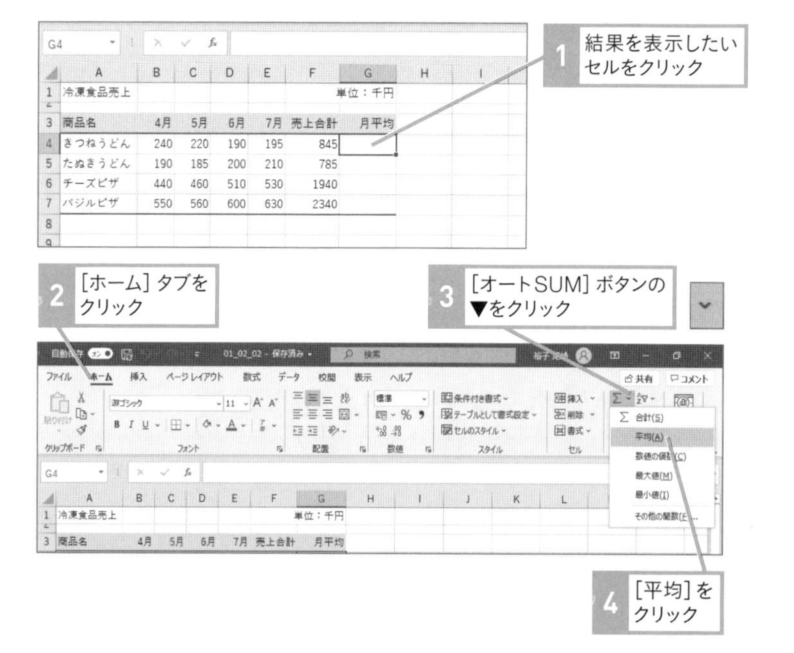

計算する数値の範囲が
自動的に指定された

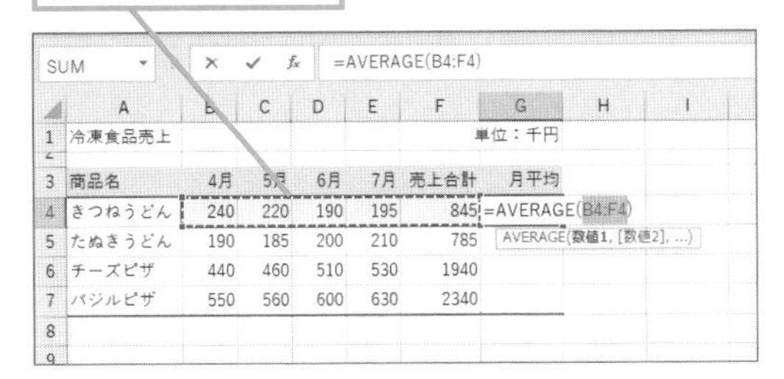
SUM　=AVERAGE(B4:F4)

	A	B	C	D	E	F	G	H	I
1	冷凍食品売上						単位：千円		
2									
3	商品名	4月	5月	6月	7月	売上合計	月平均		
4	きつねうどん	240	220	190	195	845	=AVERAGE(B4:F4)		
5	たぬきうどん	190	185	200	210	785	AVERAGE(数値1, [数値2], ...)		
6	チーズピザ	440	460	510	530	1940			
7	バジルピザ	550	560	600	630	2340			
8									

可愛くん、範囲に注意だよ！

合計の数値も計算の対象になってるね。
修正しなきゃ。

5 正しい範囲をドラッグ
して選択

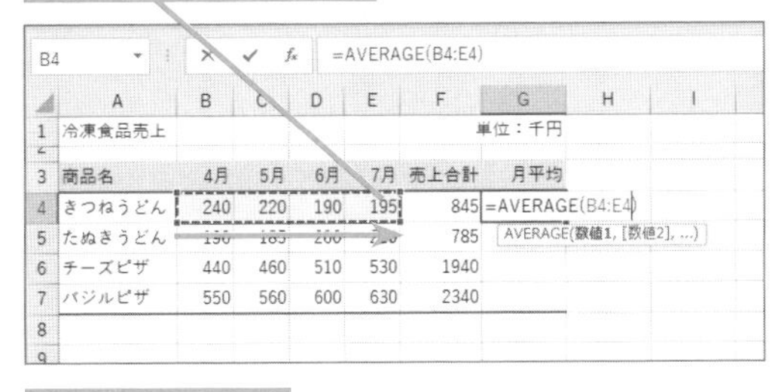
B4　=AVERAGE(B4:E4)

	A	B	C	D	E	F	G	H	I
1	冷凍食品売上						単位：千円		
2									
3	商品名	4月	5月	6月	7月	売上合計	月平均		
4	きつねうどん	240	220	190	195	845	=AVERAGE(B4:E4)		
5	たぬきうどん	190	185	200	210	785	AVERAGE(数値1, [数値2], ...)		
6	チーズピザ	440	460	510	530	1940			
7	バジルピザ	550	560	600	630	2340			
8									

6 再度［オートSUM］
ボタンをクリック

平均が表示された

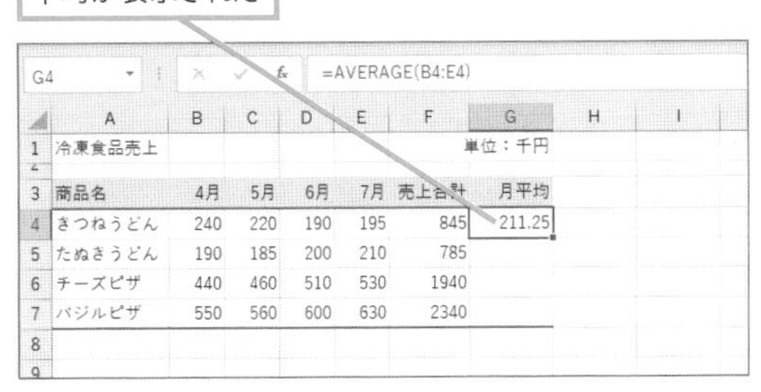
G4　=AVERAGE(B4:E4)

	A	B	C	D	E	F	G	H	I
1	冷凍食品売上						単位：千円		
2									
3	商品名	4月	5月	6月	7月	売上合計	月平均		
4	きつねうどん	240	220	190	195	845	211.25		
5	たぬきうどん	190	185	200	210	785			
6	チーズピザ	440	460	510	530	1940			
7	バジルピザ	550	560	600	630	2340			
8									

SECTION

3 関数の式を見てみよう

[オートSUM] ボタンで出した合計や平均には関数が使われているんだよね。

合計はSUM関数、平均はAVERAGE関数が使われているよ。

それはどこで確かめたらいいの？

▶「数式バー」に表示される

[オートSUM]ボタンを使うとセルに関数が入力されますが、セルの表面には結果が表示されるので関数そのものは見えません。**関数は「数式バー」で確認します。**セルをクリックすると、そのセルの関数が数式バーに表示されます。

1 関数の結果が表示されているセルをクリック

数式バーに関数が表示された

F4 =SUM(B4:E4)

	A	B	C	D	E	F	G	H	I
1	冷凍食品売上					単位：千円			
2									
3	商品名	4月	5月	6月	7月	売上合計			
4	きつねうどん	240	220	190	195	845			
5	たぬきうどん	190	185	200	210	785			
6	チーズピザ	440	460	510	530				
7	バジルピザ	550	560	600	630				
8									
9									

セルを見てるだけじゃわからないね。

そうなんだよ。数字が入力されているセルと区別つかないから、常に数式バーを意識してないとダメだね。

STEP UP!

セルに関数を表示するには

結果が表示されているセルをダブルクリックすると、関数をセルに表示することができます。ただし、ダブルクリックはセルの内容を修正する「編集モード」にするものです。キー操作やマウス操作がセルの内容に反映されるので、誤って関数を書き換えないように注意しましょう。セルの表示をやめるには Esc キーを押します。

1 関数の結果が表示されているセルをダブルクリック

セルに関数が表示された

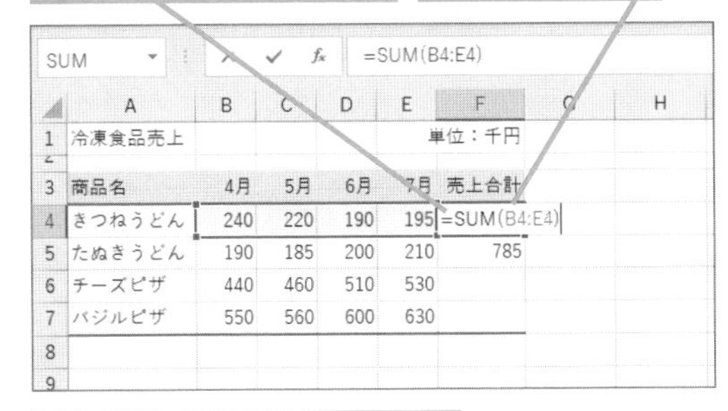

SUM
=SUM(B4:E4)
A B C D E F G H
冷凍食品売上
単位：千円
商品名 4月 5月 6月 7月 売上合計
きつねうどん 240 220 190 195 =SUM(B4:E4)
たぬきうどん 190 185 200 210 785
チーズピザ 440 460 510 530
バジルピザ 550 560 600 630

2 Esc キーを押して、関数の表示をやめる

セルをダブルクリックしても、関数を確認できるんだね！

セルを「編集モード」に切り替えているんだ。間違って編集してしまわないように、Esc キーを押すことを忘れないように！

SECTION

4 [オートSUM]ボタンも間違いがおきる

[オートSUM]ボタンが使えれば、合計や平均はもうばっちりじゃない?

でも[オートSUM]ボタンって、なんか信用できないんだよね。

え? Excel得意な可愛くんがいうなら、そうなのかな?

▶[オートSUM]ボタンの間違った範囲

[オートSUM]ボタンはSUM関数やAVERAGE関数を入力してくれる便利なボタンですが、**間違った範囲が指定される**こともあります。そのことに気づかないと誤った結果になってしまいます。どんな場合に間違った範囲になるのか確かめておきましょう。

●[オートSUM]ボタンでは隣接する数値が範囲になる

結果を表示したいセルに隣接する数値が範囲になる

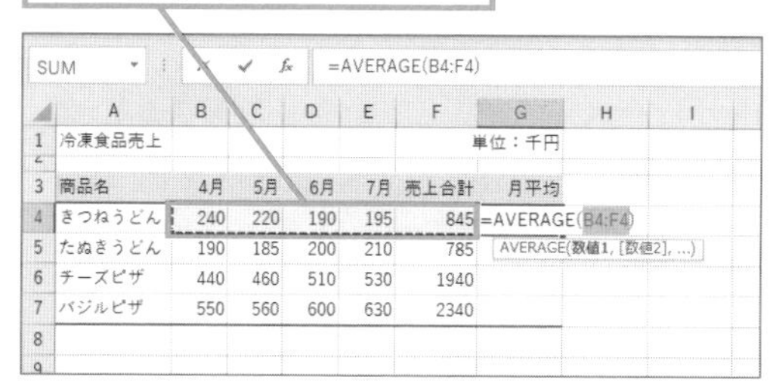

SUM　=AVERAGE(B4:F4)

	A	B	C	D	E	F	G	H	I
1	冷凍食品売上						単位：千円		
2									
3	商品名	4月	5月	6月	7月	売上合計	月平均		
4	きつねうどん	240	220	190	195	845	=AVERAGE(B4:F4)		
5	たぬきうどん	190	185	200	210	785	AVERAGE(数値1, [数値2], ...)		
6	チーズピザ	440	460	510	530	1940			
7	バジルピザ	550	560	600	630	2340			
8									
9									

平均を出したいのに、この表だと合計も含めた範囲になるから間違ってるね。

● 隣接する数値は上が優先される

結果を表示したいセルに隣接する数値が左と上にある場合、上の数値が範囲になる

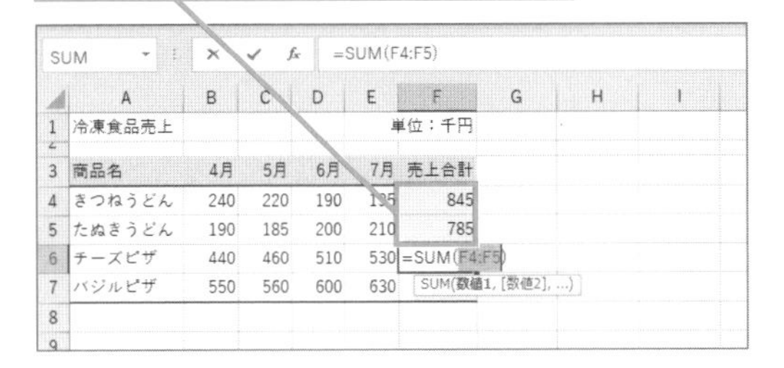

セルの左にある数値を計算したいのに、上の数値が範囲になるから間違ってるね。

[オートSUM] ボタンの特性を知っていればこわくないね。

STEP UP!

[オートSUM]ボタンのショートカットキー

[オートSUM]ボタンの機能は、Shift + Alt + = キーを押しても使うことができます。SUM関数の入力を繰り返し行いたいとき役立ちます。[オートSUM]ボタンをクリックする代わりに使ってみましょう。

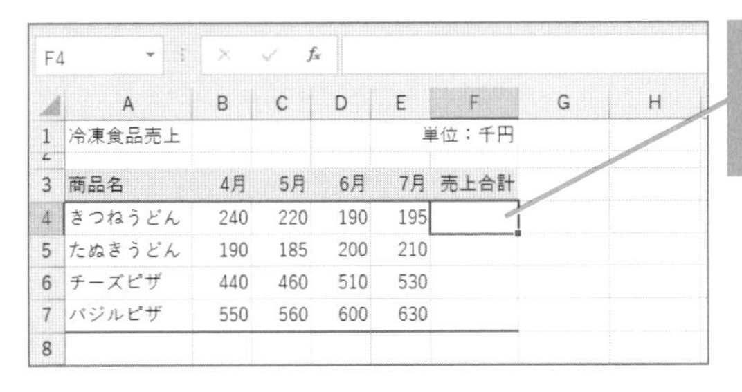

1 合計を表示したいセルで Shift + Alt + = キーを押す

STEP UP!

Excelの表を知ろう

Excelではさまざまな表を作成しますが、**大きく分けて2種類の表があります**。ひとつは合計や平均などの集計のための表（ここでは集計表と呼びます）、もうひとつはデータを蓄積するための表（ここではリストと呼びます）です。表をどのように使うかを考えて作成しましょう。

●集計表（データを集計する表）

・集計表には合計や平均などの集計行、あるいは集計列を含みます。

・表の左端の列、表の上の行に項目名を配置します。

・最終的な集計結果を表示するので、通常データが増減することはありません。

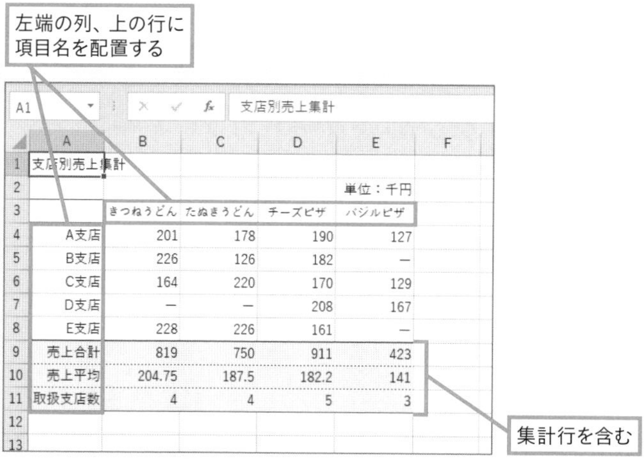

左端の列、上の行に項目名を配置する

A1　支店別売上集計

	A	B	C	D	E	F
1	支店別売上集計					
2					単位：千円	
3		きつねうどん	たぬきうどん	チーズピザ	バジルピザ	
4	A支店	201	178	190	127	
5	B支店	226	126	182	−	
6	C支店	164	220	170	129	
7	D支店	−	−	208	167	
8	E支店	228	226	161	−	
9	売上合計	819	750	911	423	
10	売上平均	204.75	187.5	182.2	141	
11	取扱支店数	4	4	5	3	
12						
13						

集計行を含む

●リスト（データを蓄積する表）

- リストには集計行を含みません。集計行があるとデータの並べ替えや抽出に支障がでます。
- 表の先頭行に項目名を配置します。
- 1行につき1件のデータを入力します。
- データは増減する可能性があります。「テーブル」機能（67ページのSTEP UP!を参照）を設定することで使いやすくなります。
- 表に隣接する行や列は空欄にします。データの並べ替えや抽出をしやすくするためです。

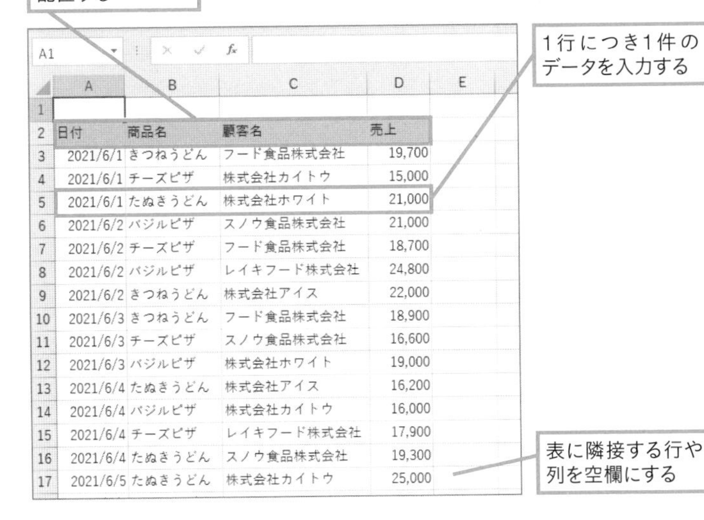
先頭行に項目名を配置する
1行につき1件のデータを入力する
表に隣接する行や列を空欄にする
A1

	A	B	C	D	E
1					
2	日付	商品名	顧客名	売上	
3	2021/6/1	きつねうどん	フード食品株式会社	19,700	
4	2021/6/1	チーズピザ	株式会社カイトウ	15,000	
5	2021/6/1	たぬきうどん	株式会社ホワイト	21,000	
6	2021/6/2	バジルピザ	スノウ食品株式会社	21,000	
7	2021/6/2	チーズピザ	フード食品株式会社	18,700	
8	2021/6/2	バジルピザ	レイキフード株式会社	24,800	
9	2021/6/2	きつねうどん	株式会社アイス	22,000	
10	2021/6/3	きつねうどん	フード食品株式会社	18,900	
11	2021/6/3	チーズピザ	スノウ食品株式会社	16,600	
12	2021/6/3	バジルピザ	株式会社ホワイト	19,000	
13	2021/6/4	たぬきうどん	株式会社アイス	16,200	
14	2021/6/4	バジルピザ	株式会社カイトウ	16,000	
15	2021/6/4	チーズピザ	レイキフード株式会社	17,900	
16	2021/6/4	たぬきうどん	スノウ食品株式会社	19,300	
17	2021/6/5	たぬきうどん	株式会社カイトウ	25,000	

SECTION

練習用ファイル ▶ 01_02_チャレンジ.xlsx

5 【チャレンジ】［オートSUM］ボタンを確実に使う

▶チャレンジ1

集計表の空欄を埋めて表を完成させましょう。それぞれの合計を［オートSUM］ボタンを使って求めます。

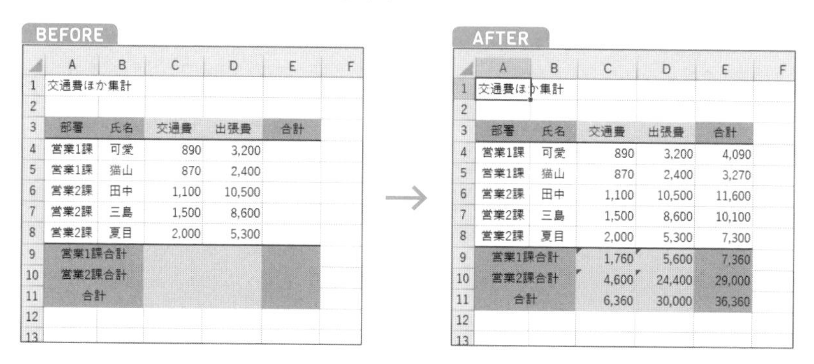

BEFORE

	A	B	C	D	E	F
1	交通費ほか集計					
2						
3	部署	氏名	交通費	出張費	合計	
4	営業1課	可愛	890	3,200		
5	営業1課	猫山	870	2,400		
6	営業2課	田中	1,100	10,500		
7	営業2課	三島	1,500	8,600		
8	営業2課	夏目	2,000	5,300		
9	営業1課合計					
10	営業2課合計					
11	合計					
12						
13						

→

AFTER

	A	B	C	D	E	F
1	交通費ほか集計					
2						
3	部署	氏名	交通費	出張費	合計	
4	営業1課	可愛	890	3,200	4,090	
5	営業1課	猫山	870	2,400	3,270	
6	営業2課	田中	1,100	10,500	11,600	
7	営業2課	三島	1,500	8,600	10,100	
8	営業2課	夏目	2,000	5,300	7,300	
9	営業1課合計		1,760	5,600	7,360	
10	営業2課合計		4,600	24,400	29,000	
11	合計		6,360	30,000	36,360	
12						
13						

▶チャレンジ2

集計表の平均を埋めて表を完成させましょう。平均も［オートSUM］ボタンを使って求めます。

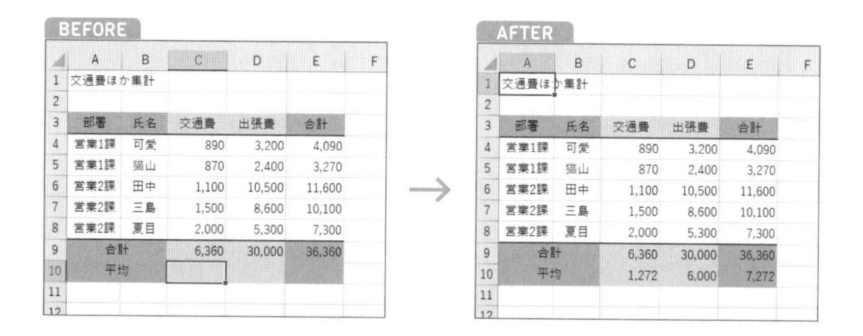

BEFORE

	A	B	C	D	E	F
1	交通費ほか集計					
2						
3	部署	氏名	交通費	出張費	合計	
4	営業1課	可愛	890	3,200	4,090	
5	営業1課	猫山	870	2,400	3,270	
6	営業2課	田中	1,100	10,500	11,600	
7	営業2課	三島	1,500	8,600	10,100	
8	営業2課	夏目	2,000	5,300	7,300	
9	合計		6,360	30,000	36,360	
10	平均					
11						
12						

→

AFTER

	A	B	C	D	E	F
1	交通費ほか集計					
2						
3	部署	氏名	交通費	出張費	合計	
4	営業1課	可愛	890	3,200	4,090	
5	営業1課	猫山	870	2,400	3,270	
6	営業2課	田中	1,100	10,500	11,600	
7	営業2課	三島	1,500	8,600	10,100	
8	営業2課	夏目	2,000	5,300	7,300	
9	合計		6,360	30,000	36,360	
10	平均		1,272	6,000	7,272	
11						
12						

▶チャレンジ1解答

まず表の作りをよく確認し、どの数値を合計するのか間違えないようにしましょう。特に「営業１課合計」と「営業２課合計」は要注意で、それぞれの課の数値を合計します。

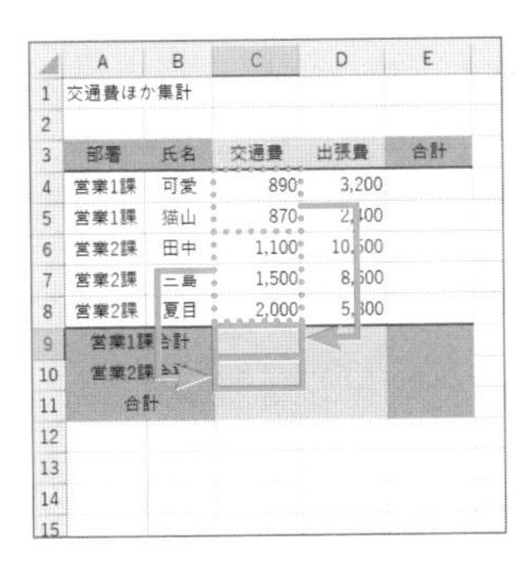

	A	B	C	D	E
1	交通費ほか集計				
2					
3	部署	氏名	交通費	出張費	合計
4	営業1課	可愛	890	3,200	
5	営業1課	猫山	870	2,400	
6	営業2課	田中	1,100	10,500	
7	営業2課	三島	1,500	8,500	
8	営業2課	夏目	2,000	5,300	
9	営業1課合計				
10	営業2課合計				
11	合計				

●操作例

①セルC9をクリック

②［オートSUM］ボタンをクリック

③セルC4～C5をドラッグ

④［オートSUM］ボタンをクリック

▶チャレンジ2解答

［オートSUM］ボタンで平均を求める場合、対象になる範囲に注意が必要です。合計の数値は範囲に含めないようにしましょう。

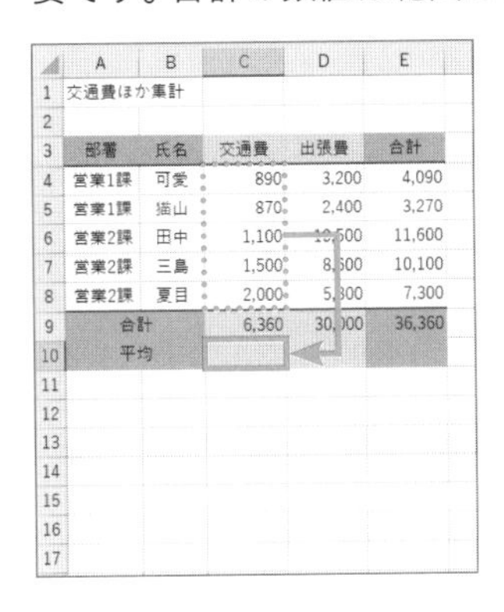

	A	B	C	D	E
1	交通費ほか集計				
2					
3	部署	氏名	交通費	出張費	合計
4	営業1課	可愛	890	3,200	4,090
5	営業1課	猫山	870	2,400	3,270
6	営業2課	田中	1,100	10,500	11,600
7	営業2課	三島	1,500	8,500	10,100
8	営業2課	夏目	2,000	5,300	7,300
9	合計		6,360	30,000	36,360
10	平均				

●操作例

①セルC10をクリック

②［オートSUM］ボタンの▼クリックして［平均］を選ぶ

③セルC4～C8をドラッグ

④［オートSUM］ボタンをクリック

このLESSONのポイント

- よく使う合計のSUM関数は［オートSUM］ボタンで簡単に入力できる
- ［オートSUM］ボタンでは平均のAVERAGE関数も入力できる
- ［オートSUM］ボタンの範囲は間違っていることも。必ず確認すること！

EPILOGUE

関数はできたら避けて通りたいな、なんて思ってたけど、こんなに重要だとは思わなかったよ。

関数が使えないとせっかくのデータが無駄になっちゃうし、データを活かせないと仕事もはかどらないよね。

うん！　それにしても関数っていろんなことができそうじゃない？

数字の計算ばかりだと思ってたけど、数を数えたりもできるもんね。もしかして、今まで時間かけてやってたことも関数でパパッとできたりして！

あのときの残業は無駄だったのかも……。もうそんなことにならないようにしっかり関数を使いこなすよ！

ちょっとまって、猫山くん！　勢いあまって［オートSUM］ボタン押しすぎ。ちゃんと確認しながら確実に使ってよ！

第2章

関数を使おう

PROLOGUE

どう？　関数の勉強は順調？

まだ入り口ですけど、モチベーション上がってきました！　はやく関数使いたくてうずうずしてます。

まぁまぁ焦らず。関数は基本が大事だからね。合計のSUM関数はよく知らなくても使えるようになっているから、そこが落とし穴なんだよ。

そ、そんなトラップまで用意されてるなんて、Excel恐るべし。

言われてみると、あいまいなところがあります。

そう、そのあいまいなところを放置しておくと、いざ使おうとしたときつまずくからね。

課長、経験ありそうな口ぶりですね。

ま、まぁね。だから基本はしっかり身に付けること！　とくに関数の式の書き方や入力方法は何度も確認するように。わかった？　猫山くん。

はい！　トラップ回避できるようにがんばります！　ね、可愛くん！

LESSON 03
関数

関数の基本

ちょっと聞いていい？　結局「関数」ってどういうしくみ？

そういわれてみると、実体は見えないし、説明がむずかしいね。

イメージできないとモヤモヤする！

SECTION 1

関数のしくみ

では関数がどのように働くのかを見てみましょう。関数はいろいろな計算や処理をしてくれますが、それには対象になるデータを与える必要があります。このデータのことを「**引数（ひきすう）**」といいます。引数をもとに関数は決められた計算や処理を行い、最終的に結果を表示します。**データを与えると自動で計算処理してくれるロボット**のようなイメージです。

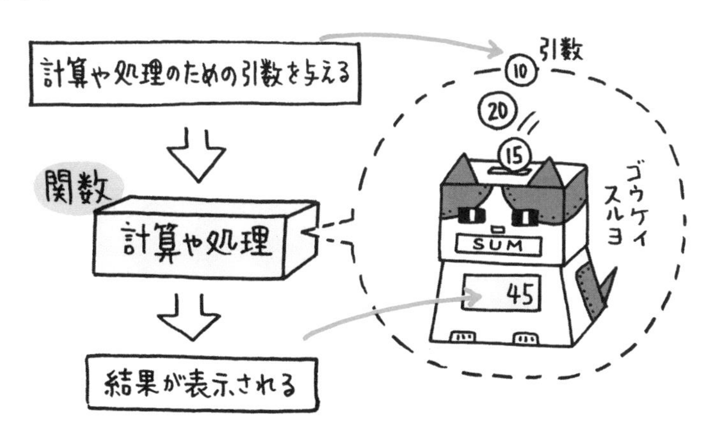

関数は計算や処理ごとに用意されていますので、ロボットは、SUM関数ロボ、AVERAGE関数ロボ、COUNT関数ロボという具合に機能別に何体もあるわけです。それぞれが異なる計算や処理を行うため、同じデータ(引数)を与えたとしても結果は違ってきます。

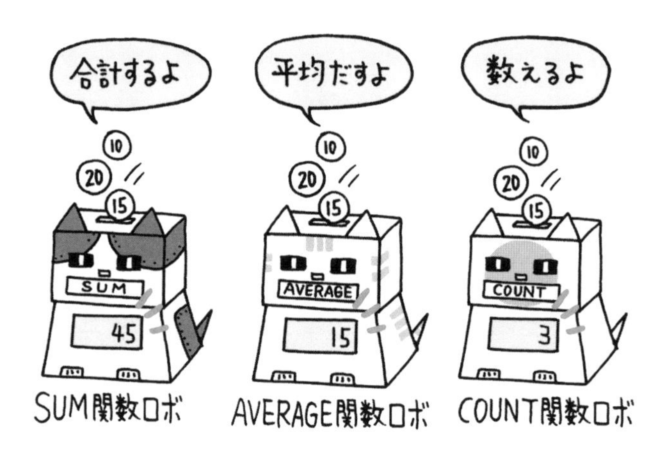

STEP UP!

目的に合った関数に正しい引数を使おう

大事なのはどの関数を使うかの選択と正しいデータ（引数）です。これらが間違っていると結果も当然間違ったものになります。

SECTION

2 関数の式には書き方がある

そろそろ関数使いたくなってきたよね。

その前に実際の関数の式を理解したいな。

式？　関数って式なの？

▶関数の式

練習用ファイル ▶ 02_03.xlsx

関数は、**アルファベットや数字、記号を組み合わせた「式」**です。実際に使われている関数で確認してみましょう。下図の表では右端列に合計を求めるSUM関数が使われています。ここをクリックすると数式バーに式が表示されます。

Excelの式は**「=」で始まるのが決まり**です。「=」に続けてアルファベットの関数名、次が()で囲まれた「引数(ひきすう)」です。どの関数もこのルールで記述されています。

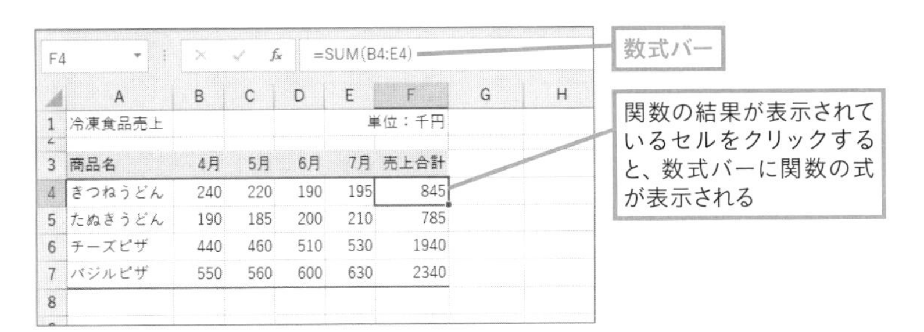

	A	B	C	D	E	F
1	冷凍食品売上					単位：千円
2						
3	商品名	4月	5月	6月	7月	売上合計
4	きつねうどん	240	220	190	195	845
5	たぬきうどん	190	185	200	210	785
6	チーズピザ	440	460	510	530	1940
7	バジルピザ	550	560	600	630	2340
8						

F4
=SUM(B4:E4)
数式バー
関数の結果が表示されているセルをクリックすると、数式バーに関数の式が表示される

=SUM(B4:E4)

関数名　引数

関数名は、**ほとんどが関数の働きを表す英単語、あるいは略語です**。アルファベットで入力しますが、**全部を手入力する必要はありません**。マウスで選ぶことができます。引数は、内容も数も関数ごとに異なるため注意が必要です。本書では関数名と引数の詳細を関数の「書式」としてひとつひとつ解説します。それを見ながら間違いなく入力しましょう。

関数式のルール
( )は必ず必要なのか。了解！
式を意味する記号
=関数名(引数)
関数の働きごとにつけられている名前
※半角アルファベット
関数に必要なデータ。必ず()で囲む
※半角英数字、記号
※引数の内容、個数は関数ごとに異なる
関数名や引数は半角文字かぁ。
間違って全角文字にしそう。

関数名は全角で入力しても、自動的に半角にしてくれるから大丈夫！

それならよかった。

▶引数とは

ここで、引数について確認しておきましょう。**引数とは関数が計算や処理を行うために必要なデータ**です。その内容は計算の対象にしたい数字であったり、処理のオプションを指定する番号であったりして、関数ごとに内容も個数も違います。合計のSUM関数の場合は合計したい数値を指定します。

F4　=SUM(B4:E4)

	A	B	C	D	E	F	G	H
1	冷凍食品売上				単位：千円			
2								
3	商品名	4月	5月	6月	7月	売上合計		
4	きつねうどん	240	220	190	195	845		
5	たぬきうどん	190	185	200	210	785		
6	チーズピザ	440	460	510	530	1940		
7	バジルピザ	550	560	600	630	2340		
8								

引数

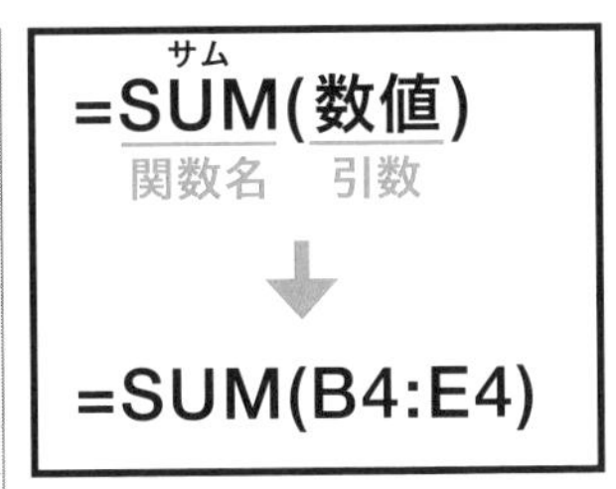

SECTION

3 引数の記号を知ろう

関数には引数。ヨシ！

でも引数ってときどきすごく長いのがあって、意味わからなくなるんだよね。

そんな長いのがあるんだ。

▶関数ごとに違う引数の数

引数は、関数ごとにその個数が異なります。たとえば、全体の中の順位を表示する**RANK.EQ**（ランクイコール）**関数の場合、引数は3つ**です。詳しく見てみましょう。下図は「きつねうどん」の売上が全商品の中で何位になるかをRANK.EQ関数で表示しています。

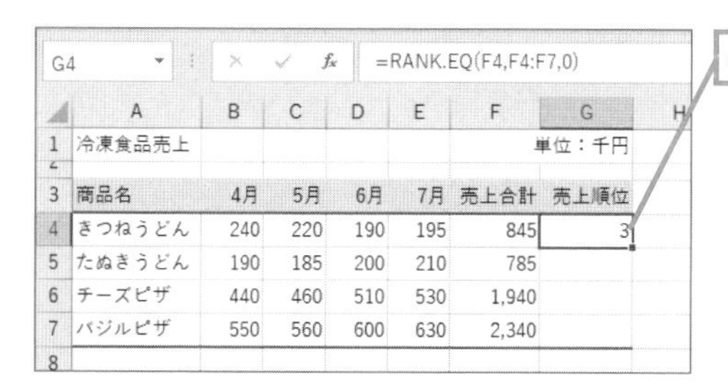

G4 =RANK.EQ(F4,F4:F7,0)

	A	B	C	D	E	F	G
1	冷凍食品売上					単位：千円	
2							
3	商品名	4月	5月	6月	7月	売上合計	売上順位
4	きつねうどん	240	220	190	195	845	3
5	たぬきうどん	190	185	200	210	785	
6	チーズピザ	440	460	510	530	1,940	
7	バジルピザ	550	560	600	630	2,340	
8							

=RANK.EQ(F4 , F4:F7 , 0)

書式 順位を調べる

=RANK.EQ(数値 , 参照 , 順序)（ランクイコール）

●引数

数値：順位を知りたい数値

参照：順位を調べたい全体の範囲

順序：順位の付け方。降順（大きい順）の場合「0」、昇順（小さい順）の場合「1」

▶引数のルール

RANK.EQ関数の引数は、「順位を知りたい数値」「順位を調べたい全体の範囲」「順位の付け方」の3つです。順位の付け方は降順か昇順のどちらかを選べる、いわばオプションです。順位を知りたい値があるのは「F4」、全体の範囲は「F4からF7」、順位の付け方のオプションは「0」、これらの3つを引数の()内に並べます。このときにも以下のルールがあります。

- **それぞれの引数は「,」(カンマ)で区切る**
- **範囲を示す場合は、先頭セルと最後のセルを「:」(コロン)でつなぐ**
- **オプションは決められた方式で記述する**

引数のルール
範囲は「:」でつなぐ
=RANK.EQ(F4 , F4:F7 , 0)
引数は「,」で区切る
RANK.EQ関数の場合、決められた「0」か「1」を指定

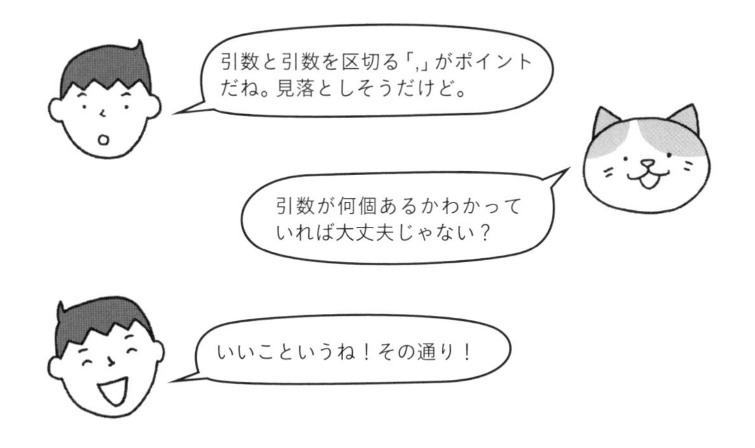

引数と引数を区切る「,」がポイントだね。見落としそうだけど。
引数が何個あるかわかっていれば大丈夫じゃない？
いいこというね！その通り！

SECTION

4 Excelにはどんな関数がある?

順位を調べてくれる関数があるなんて、関数っていろいろあるんだね。

ほかにはどんなのがあるんだろう?

▶関数の分類

関数は400個以上ありますが、普段よく使う関数は多くても20個ほどでしょう。それらを確実に理解し、あとはどんな種類があるか大まかに把握しておきましょう。次ページの表は関数を機能別に分類したものです。分類名は、Excelの［数式］タブに使われています。汎用性の高い「統計」、「論理」の関数は業種、業務に関わらずよく使われます。

STEP UP!

関数は関数ライブラリから探せる

たくさんある関数は［数式］タブの「関数ライブラリ」にあります。どんな関数があるか確認してみましょう。

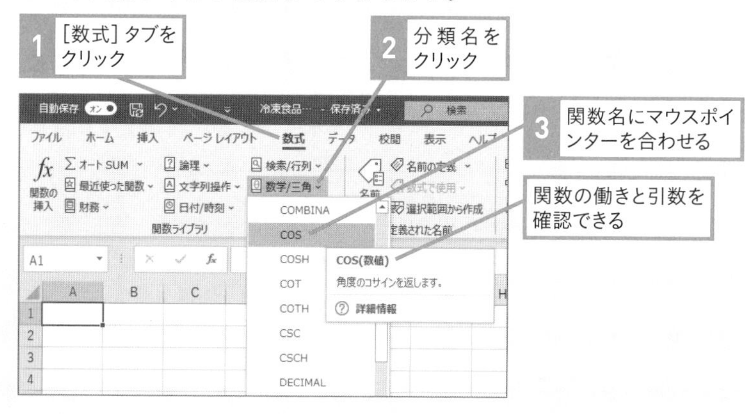

●関数の分類

汎用性	分類	用途	主な関数
高い	統計	データの分析・予測	AVERAGE（平均）、COUNT（数を数える）、STDEV.P（標準偏差）、CORREL（相関）など
	論理	正しいか否かを判定	IF（条件による分岐）、AND、OR（複数条件の正否）など
	検索/行列	データの抽出	VLOOKUP（別表から抽出）、CHOOSE（○番目を抽出）、INDEX（○行○列を抽出）など
	日付/時刻	日付に関する処理	TODAY（現在の日付表示）、EOMONTH（月末の日付表示）、NETWORKDAYS（土日を除く日数）など
	文字列操作	文字に関する処理	LEN（文字数を調べる）、SUBSTITUTE（文字の置き換え）、ASC（半角変換）など
	数学/三角	数学的な計算	SUM（合計）、SIN（角度のサイン）、COS（角度のコサイン）、MOD（割算の余り）、ROUND（四捨五入）など
	情報	セル情報の取得	ISBLANK（セルが空白か調べる）、ISERROR（セルがエラーか調べる）、PHONETIC（文字のふりがなを取り出す）など
低い	財務	お金に関する処理	PMT（ローンの支払額）、NPER（ローンの支払回数）、DB（資産の減価償却）など

※ほかにも「エンジニアリング」（科学技術計算）、「キューブ」（キューブ（集計済みの外部データベース）に関する処理）などがあります。

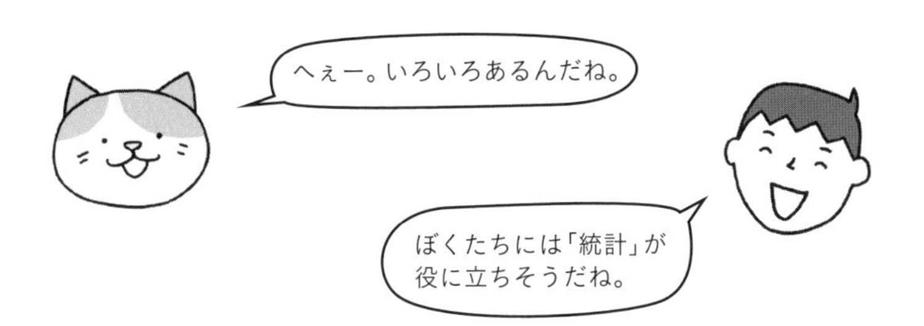

へぇー。いろいろあるんだね。
ぼくたちには「統計」が役に立ちそうだね。

SECTION

練習用ファイル ▶ 02_03_チャレンジ.xlsx

5 【チャレンジ】関数がどこに入力されているか探してみよう

▶チャレンジ

請求書にはさまざまな関数が使われています。どこにどのような関数が入力されているかセルをクリックして確認します。また、セルをダブルクリックして関数の説明も見てみましょう。説明の表示は Esc キーを押して取り消すことができます。

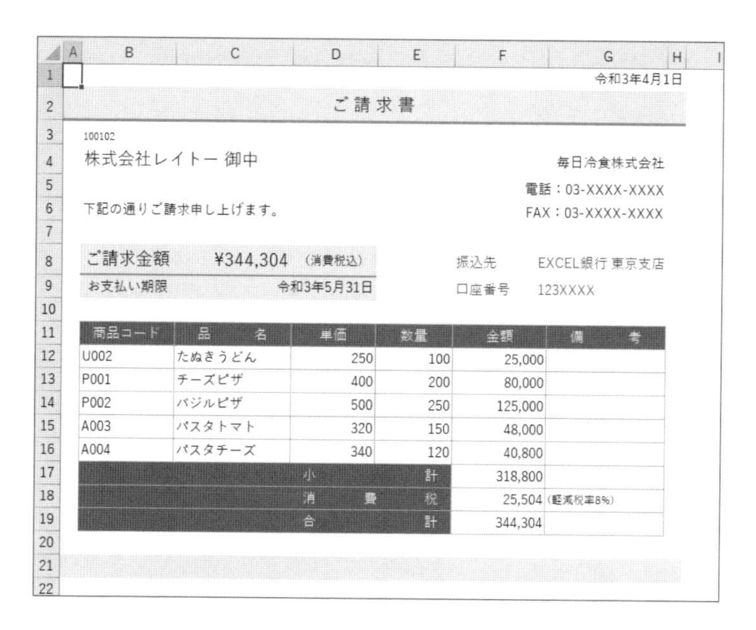

令和3年4月1日

ご請求書

100102

株式会社レイトー 御中

毎日冷食株式会社

電話：03-XXXX-XXXX

下記の通りご請求申し上げます。

FAX：03-XXXX-XXXX

ご請求金額 ¥344,304 （消費税込）

振込先 EXCEL銀行 東京支店

お支払い期限 令和3年5月31日

口座番号 123XXXX

商品コード	品名	単価	数量	金額	備考
U002	たぬきうどん	250	100	25,000	
P001	チーズピザ	400	200	80,000	
P002	バジルピザ	500	250	125,000	
A003	パスタトマト	320	150	48,000	
A004	パスタチーズ	340	120	40,800	
		小計		318,800	
		消費税		25,504	（軽減税率8%）
		合計		344,304	

▶チャレンジ解答

セルを見ても関数による結果が表示されているのか、数値や文字が入力されているのかわかりません。セルをクリックし数式バーに表示されるものを見て関数かどうか判断します。

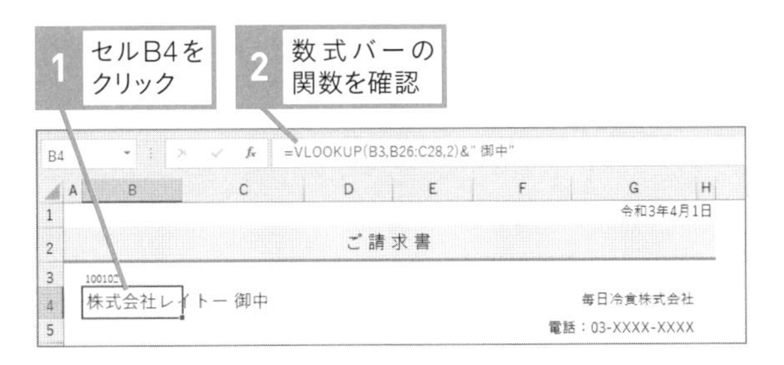

この請求書には、以下の場所に関数が使われています。

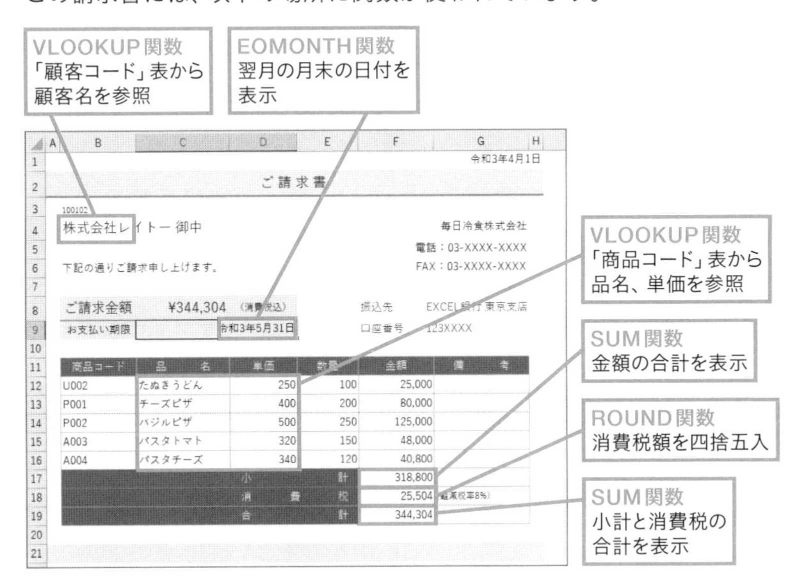

このLESSONのポイント

- 関数にはその関数に合った引数が必要
- 関数には書き方のルール「=関数名(引数)」がある
- 引数は関数ごとに内容と個数が異なるのでそれぞれ確認が必要！

LESSON 04 関数式の入力

関数を入力しよう

いよいよ関数入力だけど、キーボード入力はちょっと不安だよ。

猫山くんはキーボードが打ちにくそうだもんね。でも大丈夫だよ。ほとんどマウスでできるはず。

マウスならおまかせにゃ！　何せ“猫”山だからね。

SECTION 1　練習用ファイル ▶ 02_04.xlsx

オススメの関数入力法

関数を使うということは、関数式を入力するということです。入力方法はいくつかありますが、オススメは関数名が表示される「**数式オートコンプリート**」と引数を個別に入力できる「**ダイアログボックス**」の合わせ技です。この方法なら誤入力や記入漏れを防ぐことができます。順位を調べるRANK.EQ関数を例に使ってみましょう。

書式　順位を調べる

ランクイコール

=RANK.EQ(数値,参照,順序)

●引数

数値：順位を知りたい数値

参照：順位を調べたい全体の範囲

順序：順位の付け方。降順（大きい順）の場合「0」、昇順（小さい順）の場合「1」。省略化

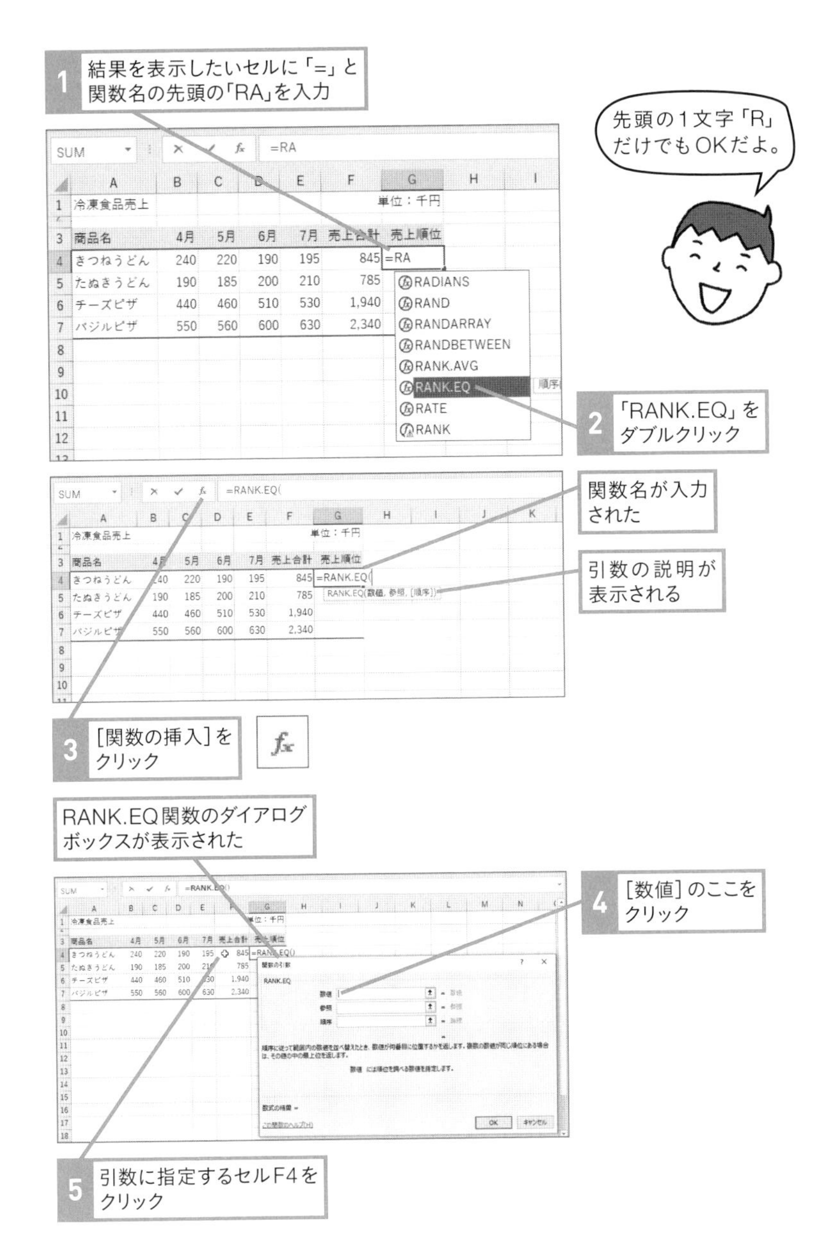

1 結果を表示したいセルに「=」と関数名の先頭の「RA」を入力
先頭の1文字「R」だけでもOKだよ。
2 「RANK.EQ」をダブルクリック
関数名が入力された
引数の説明が表示される
3 [関数の挿入]をクリック
RANK.EQ関数のダイアログボックスが表示された
4 [数値]のここをクリック
5 引数に指定するセルF4をクリック

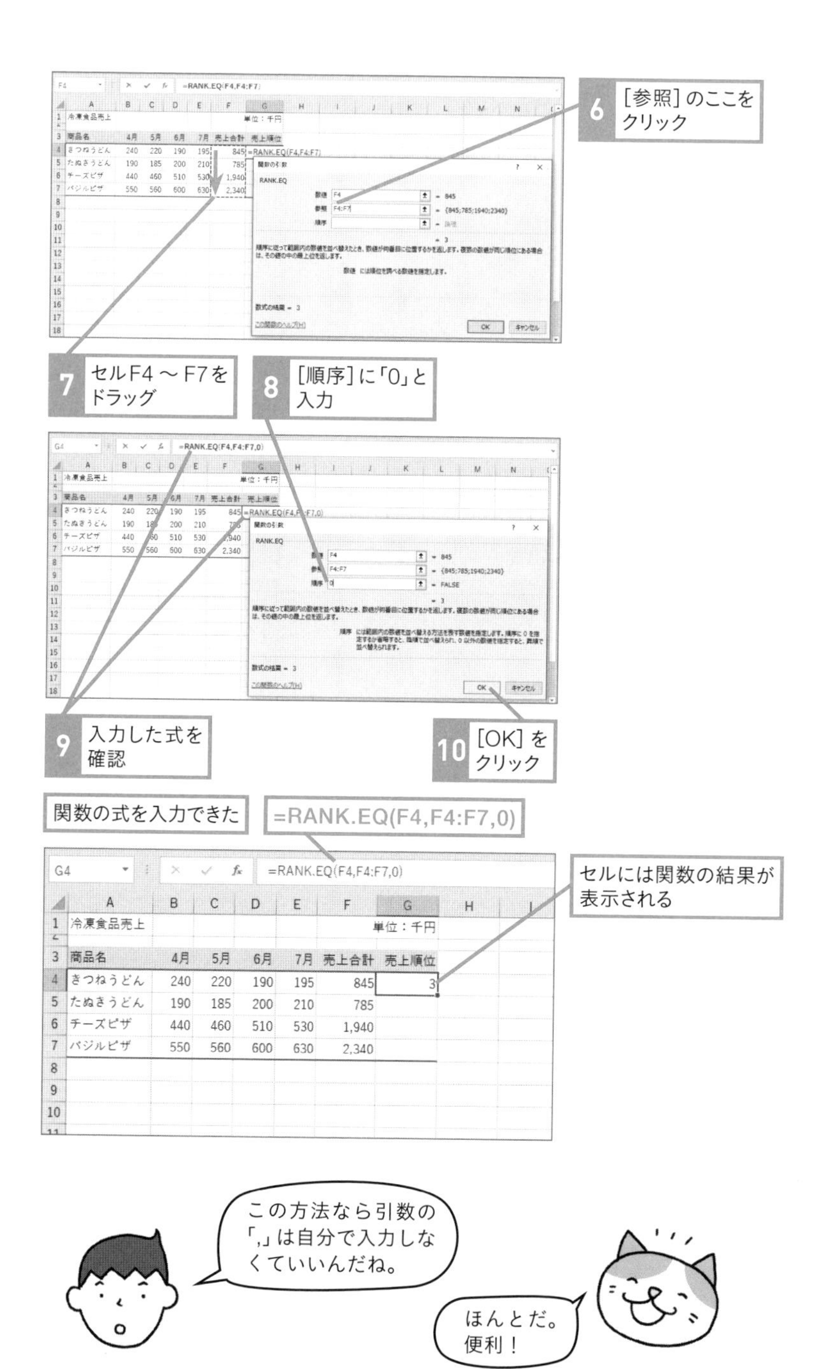

6 [参照] のここをクリック
7 セルF4 ～ F7をドラッグ
8 [順序] に「0」と入力
9 入力した式を確認
10 [OK] をクリック
関数の式を入力できた
=RANK.EQ(F4,F4:F7,0)
セルには関数の結果が表示される
この方法なら引数の「,」は自分で入力しなくていいんだね。
ほんとだ。便利！

SECTION

2 関数式を間違えた場合

あれれ？　順位を出したはずが文字が表示されてるんだけど。

頭に「#」ついてる？　式の入力間違えたのかな？

▶式の間違い

関数の結果が「#」で始まる文字の場合はエラーの警告です。エラーには種類があります（49ページ参照）が、ほとんどの原因は、式の書き方や引数の間違いです。下図では順位を調べるRANK.EQ関数の結果が「#N/A」のエラーになっていますが、これは計算や処理に使える値がない、つまり引数の指定が間違っていることを表しています。

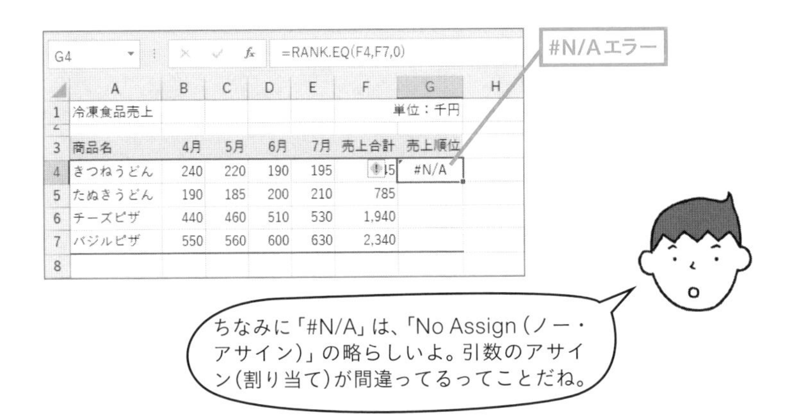

誤　=RANK.EQ(F4,F7,0)

2番目の引数が範囲になっていない

正　=RANK.EQ(F4,F4:F7,0)

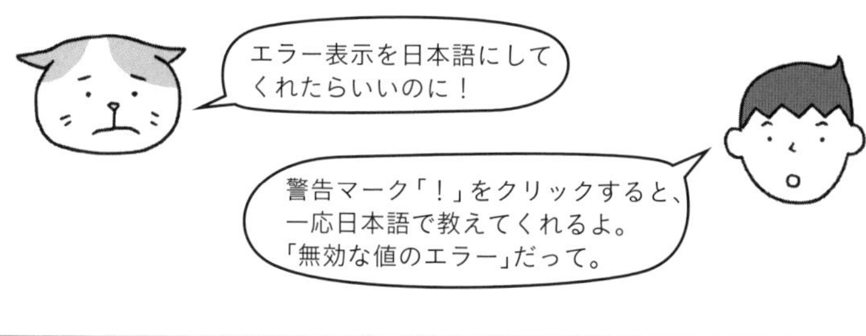

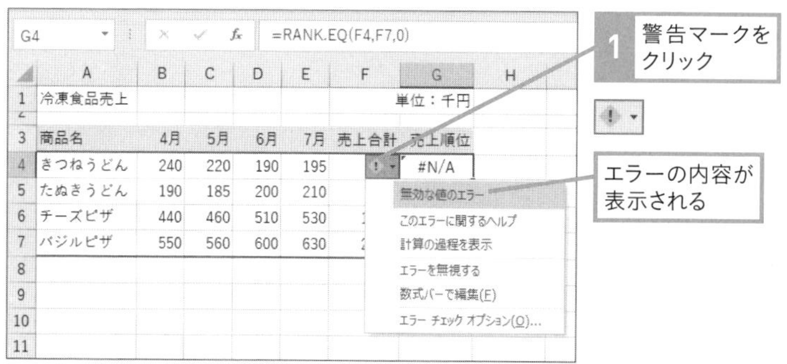

▶エラーが表示されない間違い

関数の間違いでやっかいなのは、エラーが表示されず誤った答えが表示される場合です。たとえば、下図の例を見てください。順位は本来「3」であるはずなのに「1」と表示されています。これは、RANK.EQ関数の引数の範囲が間違っているために起きたエラーです。

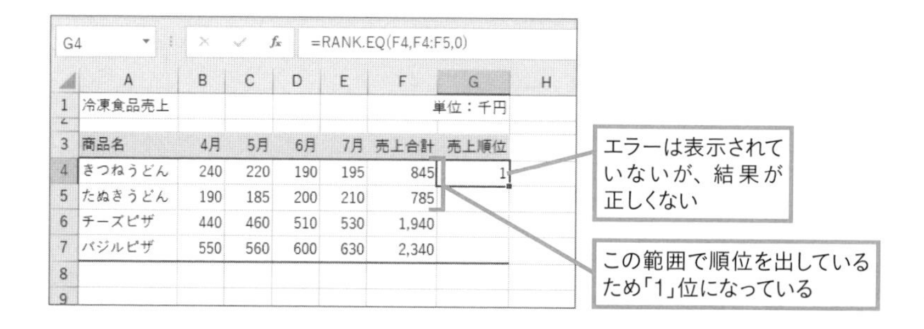

誤 =RANK.EQ(F4,F4:F5,0)

範囲が正しくない

正 =RANK.EQ(F4,F4:F7,0)

▶引数の間違いを見つけるには

前ページの例のような間違いは答えを見ただけでは気づきにくく見逃しかねません。そこで、**引数を色分けしてわかりやすく見せてくれる方法**で、式を確認することをオススメします。

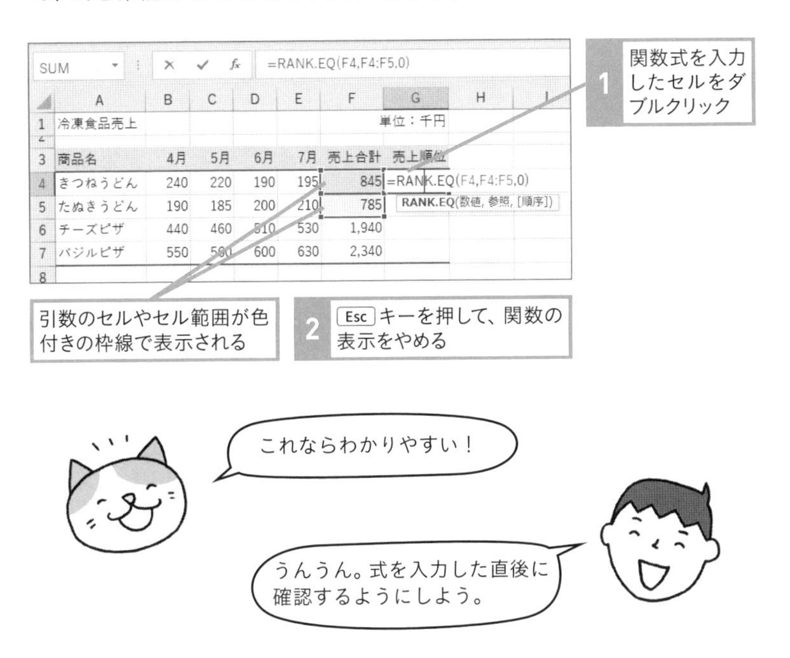

▶式を修正するには

関数式の修正は、数式バーに表示される式を直接入力し直してもかまいませんが、関数の「**ダイアログボックス**」で行うこともできます。

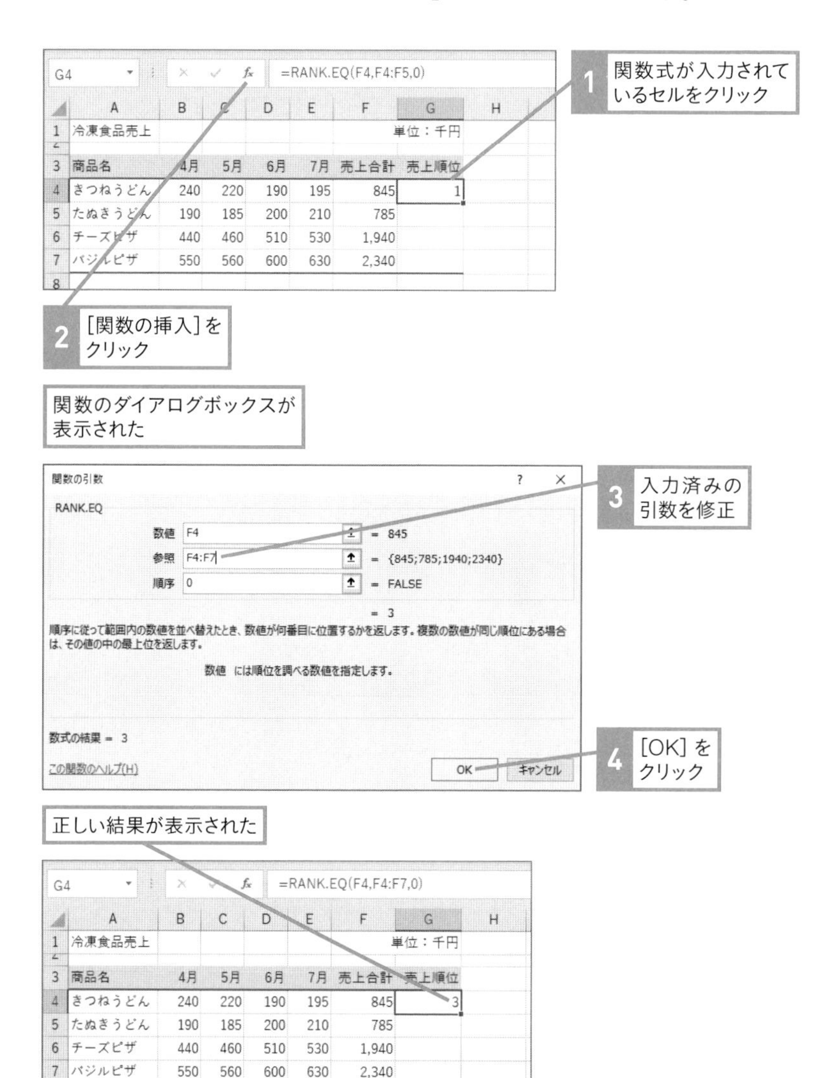

▶エラーの種類

関数式のエラー表示には、次の種類があります。それぞれ原因が異なります。

●エラーの種類

エラー表示	読み方	主な原因
#N/A	ノー・アサイン	引数に使える値がない
#NAME?	ネーム	関数名が間違っている
#VALUE!	バリュー	引数のデータ種類が間違っている （数値であるべきセルが文字であるなど）
#DIV/0!	ディバイド・パー・ゼロ	「0」で割り算している
#REF!	リファレンス	引数のセルが参照できない （セルが削除されているなど）
#NUM!	ナンバー	引数のセルの数値が適切な範囲を超えている
#NULL!	ヌル	式の「,」や「:」が間違っている

SECTION

3 関数式をコピーしよう

式が入力できたらあとはコピーで完成だね。

オートフルでしょ。まかせてにゃ！

微妙に違う。オートフィルね。

▶式のコピー

列や行に同じ関数を埋めたい場合は、入力した関数式をコピーします。コピーはマウスのドラッグ操作で簡単にできます（オートフィル）。表の場合、罫線が崩れないように「書式なしコピー」を使いましょう。

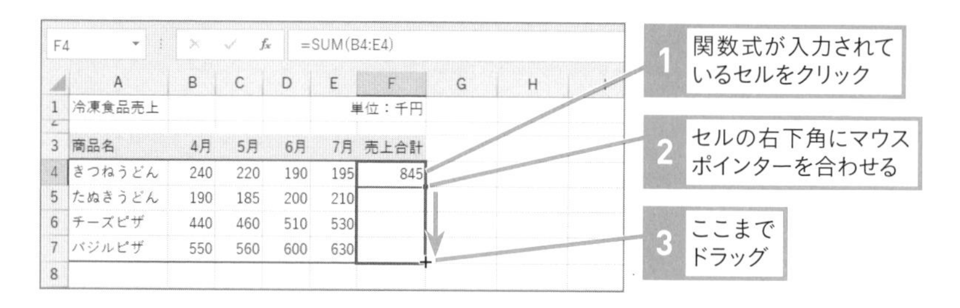
=SUM(B4:E4)
1 関数式が入力されているセルをクリック
2 セルの右下角にマウスポインターを合わせる
3 ここまでドラッグ

マウスポインターの形が黒い**＋**に変わったらドラッグだよ。

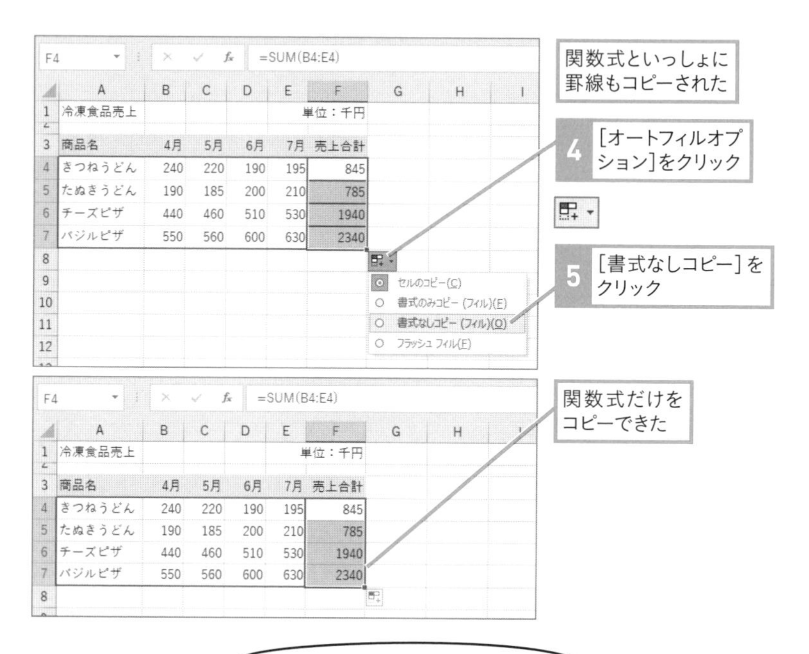
=SUM(B4:E4)
関数式といっしょに罫線もコピーされた
4 [オートフィルオプション]をクリック
5 [書式なしコピー]をクリック
セルのコピー(C)
書式のみコピー (フィル)(F)
書式なしコピー (フィル)(O)
フラッシュ フィル(F)
関数式だけをコピーできた

[オートフィルオプション]はコピーの直後しか使えないんだよ。

いつの間にか消えるのはそういうことか。了解！

▶コピーした式の確認

列や行を同じ関数で埋めるのがオートフィルですが、ここでちょっと確認しておきましょう。同じ関数といっても全く同じ式がコピーされるわけではありません。**オートフィルでコピーした式は、引数がコピー先に合わせて変わります。**

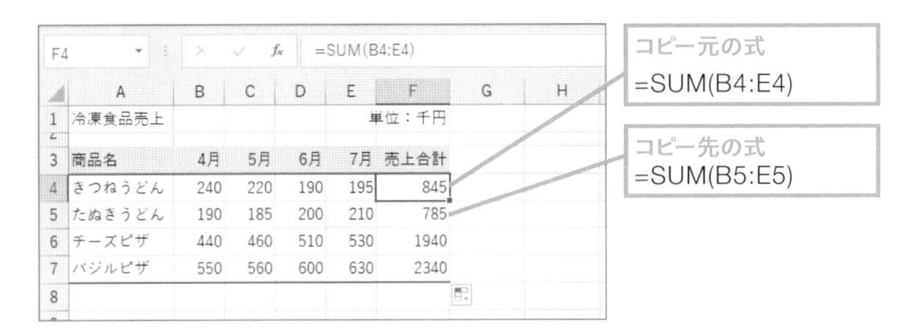

コピー元の式「=SUM(B4:E4)」は、「B4からE4を合計する」というものですが、「B4」や「E4」は固定されているわけではありません。言い換えれば「この行のセルを合計する」ということなので、行に合わせて式が変わるのです。

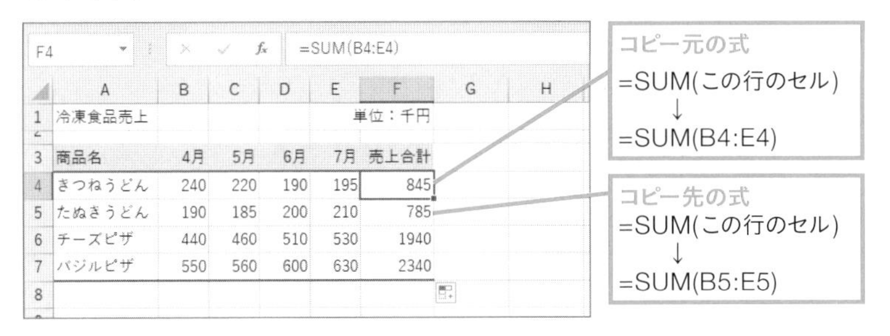

このようにコピー先に合わせて変わるセルの記述（「B4」や「F4」）を「**相対参照**」といいます。セルの記述にはほかに「**絶対参照**」があります。次のレッスンで詳しく紹介します。

STEP UP!

範囲選択のコツ

引数にセル範囲を指定することはよくあります。指定はマウスのドラッグ操作でできますが、範囲が広い場合はドラッグ操作を失敗してしまうことも。そんなときはキーボードを使って効率よく指定しましょう。

●マウスとキーで範囲指定

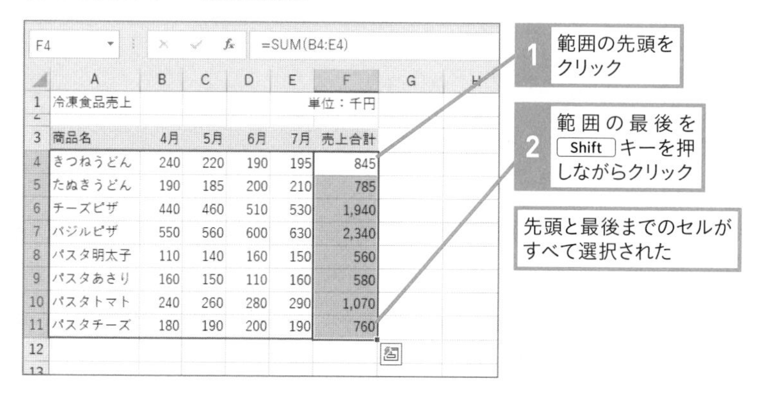

F4
=SUM(B4:E4)
1 範囲の先頭をクリック
2 範囲の最後を Shift キーを押しながらクリック
先頭と最後までのセルがすべて選択された

	A	B	C	D	E	F
1	冷凍食品売上					単位：千円
2						
3	商品名	4月	5月	6月	7月	売上合計
4	きつねうどん	240	220	190	195	845
5	たぬきうどん	190	185	200	210	785
6	チーズピザ	440	460	510	530	1,940
7	バジルピザ	550	560	600	630	2,340
8	パスタ明太子	110	140	160	150	560
9	パスタあさり	160	150	110	160	580
10	パスタトマト	240	260	280	290	1,070
11	パスタチーズ	180	190	200	190	760

●キーだけで範囲指定

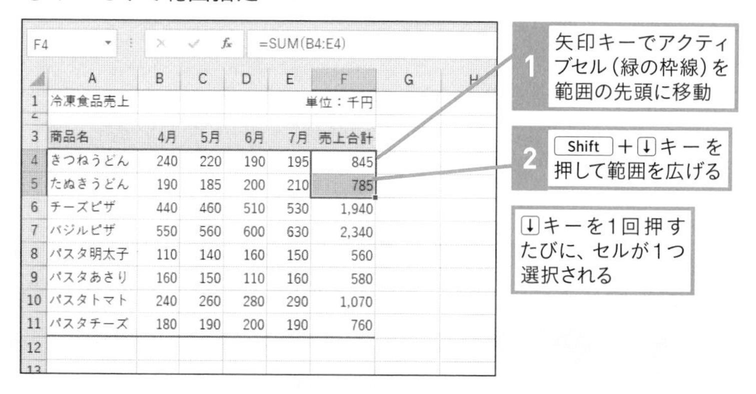

F4
=SUM(B4:E4)
1 矢印キーでアクティブセル（緑の枠線）を範囲の先頭に移動
2 Shift ＋↓キーを押して範囲を広げる
↓キーを1回押すたびに、セルが1つ選択される

	A	B	C	D	E	F
1	冷凍食品売上					単位：千円
2						
3	商品名	4月	5月	6月	7月	売上合計
4	きつねうどん	240	220	190	195	845
5	たぬきうどん	190	185	200	210	785
6	チーズピザ	440	460	510	530	1,940
7	バジルピザ	550	560	600	630	2,340
8	パスタ明太子	110	140	160	150	560
9	パスタあさり	160	150	110	160	580
10	パスタトマト	240	260	280	290	1,070
11	パスタチーズ	180	190	200	190	760

●キーだけで自動範囲指定

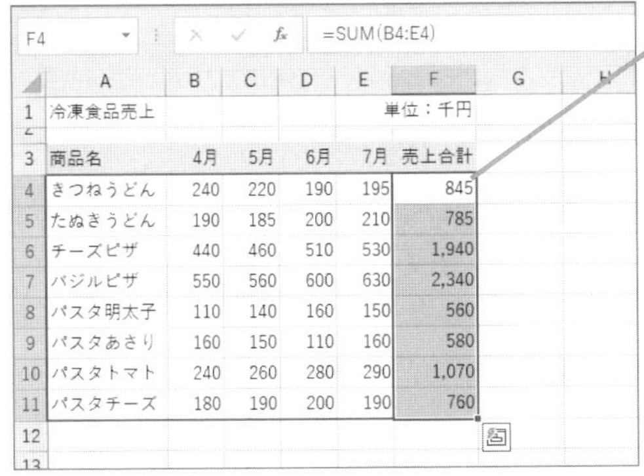
F4 =SUM(B4:E4)

	A	B	C	D	E	F	G	H
1	冷凍食品売上				単位：千円			
2								
3	商品名	4月	5月	6月	7月	売上合計		
4	きつねうどん	240	220	190	195	845		
5	たぬきうどん	190	185	200	210	785		
6	チーズピザ	440	460	510	530	1,940		
7	バジルピザ	550	560	600	630	2,340		
8	パスタ明太子	110	140	160	150	560		
9	パスタあさり	160	150	110	160	580		
10	パスタトマト	240	260	280	290	1,070		
11	パスタチーズ	180	190	200	190	760		
12								

1 矢印キーでアクティブセル（緑の枠線）を範囲の先頭に移動

2 Shift ＋ Ctrl ＋ ↓キーを押す

最下行まで選択範囲が自動的に広がる

Shift キーが範囲を広げる役割なのね。おぼえとこ。

これは関数だけじゃなく、Excelの機能を使うときにも有効だよ。

SECTION

4 【チャレンジ】関数を入力して表を完成しよう①

▶チャレンジ1

SECTION1「おススメの関数入力法」、SECTION3「関数をコピーしよう」の方法でSUM関数を入力して、商品売上表を完成させましょう。なお、この表はF列の「売上合計」を表示するとセルB4に金額が表示されるようになっています。

BEFORE

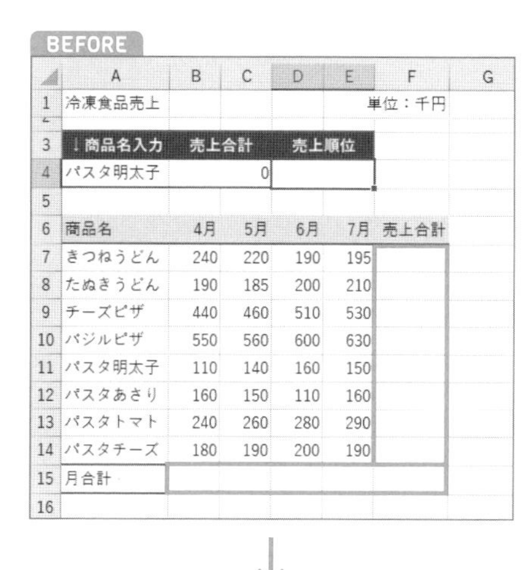

	A	B	C	D	E	F	G
1	冷凍食品売上					単位：千円	
3	↓商品名入力	売上合計		売上順位			
4	パスタ明太子		0				
5							
6	商品名	4月	5月	6月	7月	売上合計	
7	きつねうどん	240	220	190	195		
8	たぬきうどん	190	185	200	210		
9	チーズピザ	440	460	510	530		
10	バジルピザ	550	560	600	630		
11	パスタ明太子	110	140	160	150		
12	パスタあさり	160	150	110	160		
13	パスタトマト	240	260	280	290		
14	パスタチーズ	180	190	200	190		
15	月合計						
16							

↓

AFTER

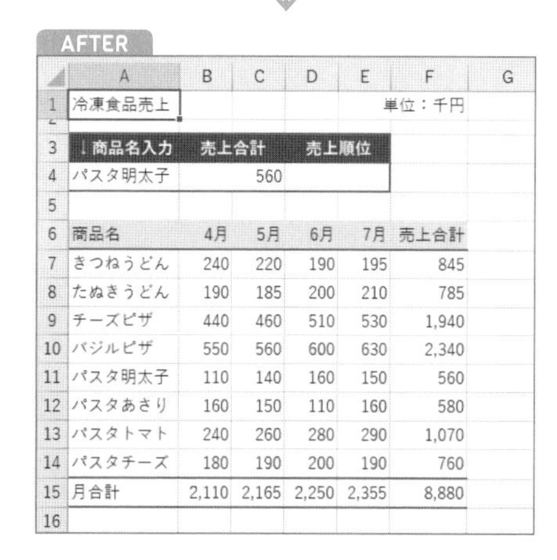

	A	B	C	D	E	F	G
1	冷凍食品売上					単位：千円	
3	↓商品名入力	売上合計		売上順位			
4	パスタ明太子		560				
5							
6	商品名	4月	5月	6月	7月	売上合計	
7	きつねうどん	240	220	190	195	845	
8	たぬきうどん	190	185	200	210	785	
9	チーズピザ	440	460	510	530	1,940	
10	バジルピザ	550	560	600	630	2,340	
11	パスタ明太子	110	140	160	150	560	
12	パスタあさり	160	150	110	160	580	
13	パスタトマト	240	260	280	290	1,070	
14	パスタチーズ	180	190	200	190	760	
15	月合計	2,110	2,165	2,250	2,355	8,880	
16							

▶チャレンジ2

セルB4に表示されている売上合計が表の全商品の中で何位になるかセルD4に順位を表示しましょう。なお、セルB4の金額は、セルA4の商品名を書き換えることで表示されます。

BEFORE

	A	B	C	D	E	F	G
1	冷凍食品売上				単位：千円		
3	↓商品名入力	売上合計		売上順位			
4	パスタ明太子		560				
5							
6	商品名	4月	5月	6月	7月	売上合計	
7	きつねうどん	240	220	190	195	845	
8	たぬきうどん	190	185	200	210	785	
9	チーズピザ	440	460	510	530	1,940	
10	バジルピザ	550	560	600	630	2,340	
11	パスタ明太子	110	140	160	150	560	
12	パスタあさり	160	150	110	160	580	
13	パスタトマト	240	260	280	290	1,070	
14	パスタチーズ	180	190	200	190	760	
15	月合計	2,110	2,165	2,250	2,355	8,880	
16							

↓

AFTER

	A	B	C	D	E	F	G
1	冷凍食品売上				単位：千円		
3	↓商品名入力	売上合計		売上順位			
4	パスタチーズ		760		6		
5							
6	商品名	4月	5月	6月	7月	売上合計	
7	きつねうどん	240	220	190	195	845	
8	たぬきうどん	190	185	200	210	785	
9	チーズピザ	440	460	510	530	1,940	
10	バジルピザ	550	560	600	630	2,340	
11	パスタ明太子	110	140	160	150	560	
12	パスタあさり	160	150	110	160	580	
13	パスタトマト	240	260	280	290	1,070	
14	パスタチーズ	180	190	200	190	760	
15	月合計	2,110	2,165	2,250	2,355	8,880	
16							

▶チャレンジ1解答

関数を入力するのは、セルF7とセルB15です。入力した関数をオートフィルでコピーします。その際、[オートフィルオプション]の[書式なしコピー]を選び、罫線が崩れないようにします。

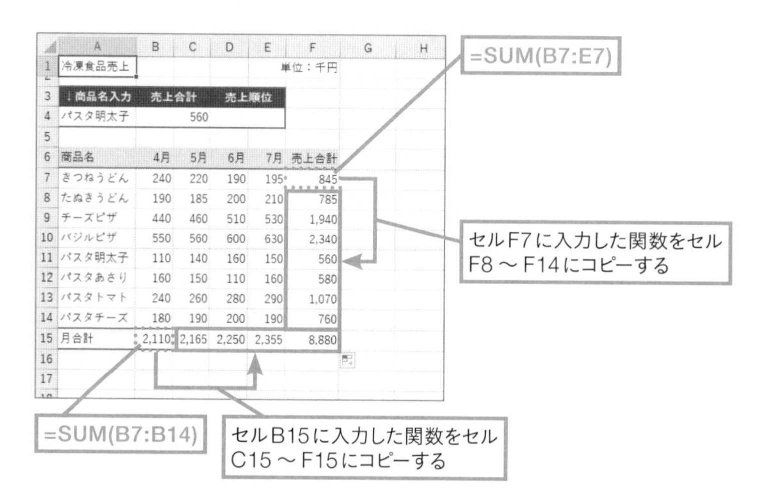

	A	B	C	D	E	F
1	冷凍食品売上					単位：千円
3	↓商品名入力	売上合計		売上順位		
4	パスタ明太子		560			
5						
6	商品名	4月	5月	6月	7月	売上合計
7	きつねうどん	240	220	190	195	845
8	たぬきうどん	190	185	200	210	785
9	チーズピザ	440	460	510	530	1,940
10	バジルピザ	550	560	600	630	2,340
11	パスタ明太子	110	140	160	150	560
12	パスタあさり	160	150	110	160	580
13	パスタトマト	240	260	280	290	1,070
14	パスタチーズ	180	190	200	190	760
15	月合計	2,110	2,165	2,250	2,355	8,880

●操作例

①セルF7をクリックし、「=S」と入力

②表示される一覧の「SUM」をダブルクリック

③［関数の挿入］ボタンをクリックしてダイアログボックスを表示

④［数値1］をクリックし引数に指定したい範囲B7からE7をドラッグ

⑤［OK］をクリック

⑥セルF7の右下にマウスポインターを合わせてセルF14までドラッグしてコピーする

⑦［オートフィルオプション］ボタンから［書式なしコピー］を選ぶ

⑧同様の手順でセルB15にSUM関数を入力し、セルC15からセルF15にコピーする

▶チャレンジ2解答

順位を求めるRANK.EQ関数をセルD4に入力します。引数は、以下の3つを指定します。

引数[数値]（どの値の順位を知りたいのか） → B4

引数[参照]（どの範囲の中で順位を知りたいのか） → F7:F14

引数[順序]（順位の付け方。降順に付けたい） → 0

また、セルA4の商品名を書き換えるとセルB4の売上合計、セルD4の順位が変わることも確認してみましょう。

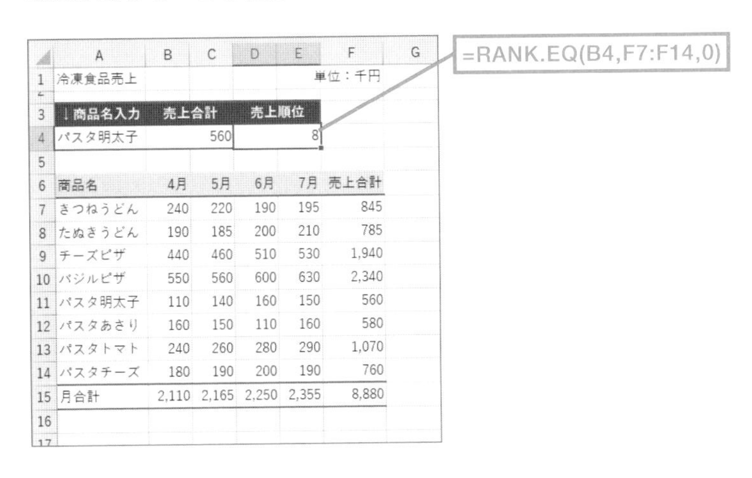

	A	B	C	D	E	F	G
1	冷凍食品売上					単位：千円	
3	↓商品名入力	売上合計		売上順位			
4	パスタ明太子	560		8			
5							
6	商品名	4月	5月	6月	7月	売上合計	
7	きつねうどん	240	220	190	195	845	
8	たぬきうどん	190	185	200	210	785	
9	チーズピザ	440	460	510	530	1,940	
10	バジルピザ	550	560	600	630	2,340	
11	パスタ明太子	110	140	160	150	560	
12	パスタあさり	160	150	110	160	580	
13	パスタトマト	240	260	280	290	1,070	
14	パスタチーズ	180	190	200	190	760	
15	月合計	2,110	2,165	2,250	2,355	8,880	
16							

このLESSONのポイント

- 関数名の入力は「=」のあと関数名の先頭文字を入力して一覧から選ぼう
- [関数の挿入]ボタンで関数のダイアログボックスを表示して引数を確認しながら入力しよう
- 関数のコピーはセルの右下角にマウスポインターを合わせて＋（黒い十字）になったらドラッグすること

LESSON 05

セルの参照

相対参照と絶対参照を知ろう

「参照」ってExcelではいろんなところで出てくるんだよね。

うんうん。RANK.EQ関数の引数にも「参照」ってあったね。いまひとつよくわからない。

SECTION 1

セルの参照とは

Excelで計算する場合、たとえば15＋30なら「=15+30」を入力すれば計算できます。ただ、15や30がセルA2、B2に入力してあるなら、そのセルを指定して「=A2+B2」の式にします。このようにセルの内容を引用する（中身を使う）ことを「**参照**」といいます。

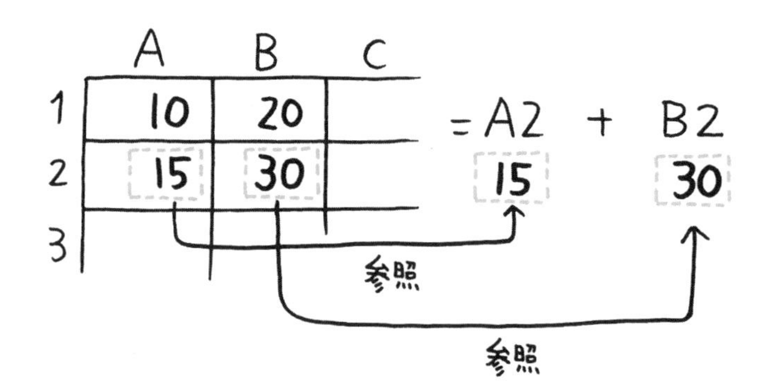

引数の「参照」とは？

関数では引数の説明に「参照」がよく出てきます。「参照するセル」、または「参照するセル範囲」と考えればいいでしょう。単独セルなのかセル範囲なのかは、引数の説明で確認することができます。

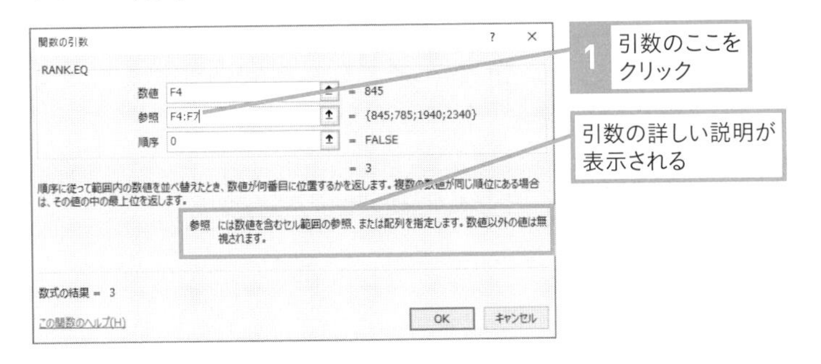

SECTION

2 相対参照と絶対参照

絶対参照って何？　絶対、参照してやる！　って感じかな？

心構え的な話ではないと思うよ。

▶相対参照と絶対参照の違い

実はセルやセル範囲を参照する方法には、「相対参照」と「絶対参照」の2種類があります。計算式や関数の引数に参照を指定する場合、この2種類を使い分ける必要があります。

「相対参照」は、式（起点）から見て相対的なセル位置のこと。「絶対参照」は列番号、行番号で表す絶対的なセル位置のことです。

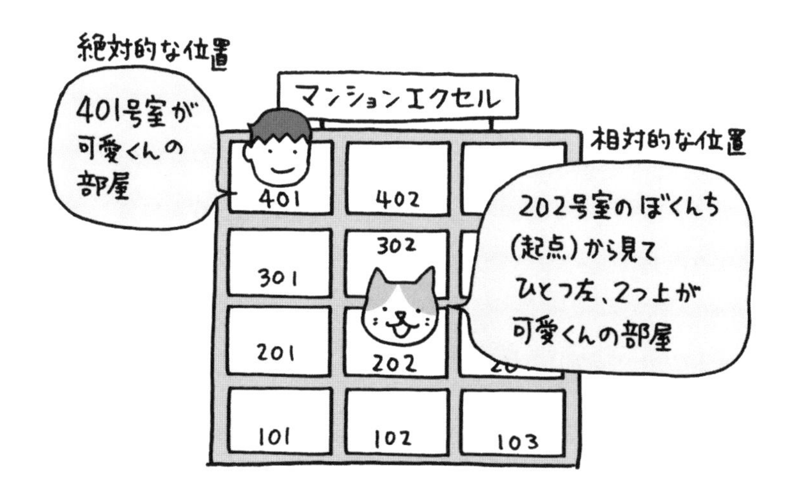

式に指定する「相対参照」と「絶対参照」はまず見た目(表記)が違います。また、式をコピーしたときにも違いがあります。

●相対参照と絶対参照

	相対参照	絶対参照
表記 (セルの場合)	A2 表記は列行番号だが、Excel内部では起点から何列、何行離れているかを認識している	$A$2 列番号、行番号の前に「$」が付く
表記 (セル範囲の場合)	A2:B2	$A$2:$B$2
式をコピーしたとき	コピー先に合わせて変わる	コピー先でも変わらない

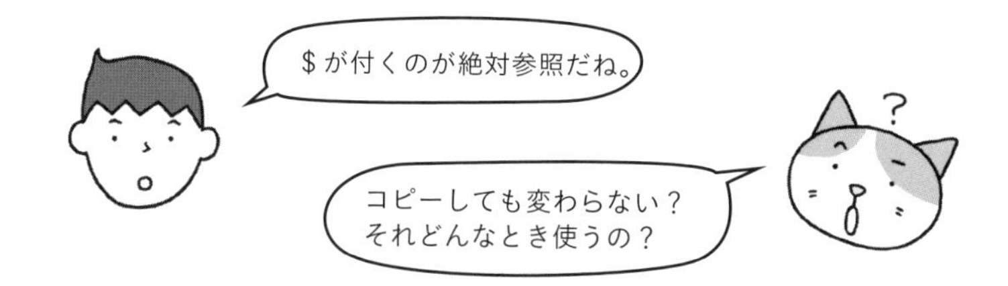

▶相対参照と絶対参照の使い分け　練習用ファイル ▶ 02_05_01.xlsx

式をコピーしたとき、参照をコピー先に合わせて変えたい場合は「相対参照」、**コピーしても参照を変えたくない場合は「絶対参照」**にします。ここでは、RANK.EQ関数の例で確認してみましょう。

図のセルG4にRANK.EQ関数を入力します。あとでコピーするためには、引数[範囲]を絶対参照にします。

G4　=RANK.EQ(F4,$F$4:$F$7,0)

	A	B	C	D	E	F	G	H
1	冷凍食品売上						単位：千円	
2								
3	商品名	4月	5月	6月	7月	売上合計	売上順位	
4	きつねうどん	240	220	190	195	845	3	
5	たぬきうどん	190	185	200	210	785		
6	チーズピザ	440	460	510	530	1,940		
7	バジルピザ	550	560	600	630	2,340		
8								

RANK.EQ関数を入力する

セルG4の式

=RANK.EQ(F4 , $F$4:$F$7 , 0)

相対参照
順位を調べたい値はそれぞれの行で異なるため、コピーしたときコピー先に合わせて変えたい

絶対参照
順位を調べる範囲はどの行においても同じなのでコピーしたとき変えたくない

RANK.EQ関数の場合、範囲はどの行も同じじゃないと正しい順位にならないから範囲を絶対参照にするんだね。

セルG4に入力した式をG5からG7にコピーしたあと、セルG5の関数式を確認してみましょう。

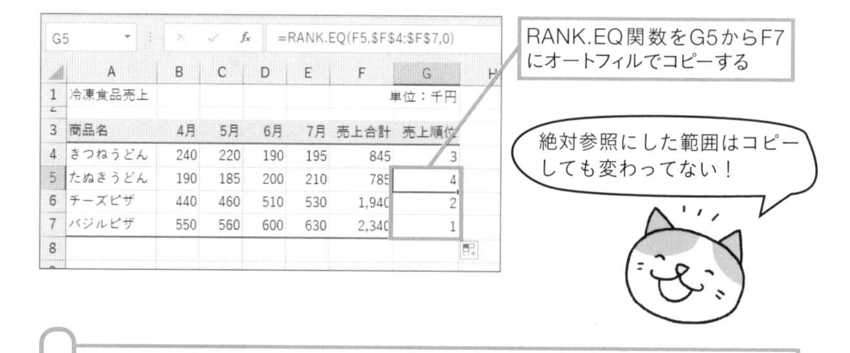

=RANK.EQ(F5,$F$4:$F$7,0)
RANK.EQ関数をG5からF7にオートフィルでコピーする
絶対参照にした範囲はコピーしても変わってない！

	A	B	C	D	E	F	G
1	冷凍食品売上						単位：千円
3	商品名	4月	5月	6月	7月	売上合計	売上順位
4	きつねうどん	240	220	190	195	845	3
5	たぬきうどん	190	185	200	210	785	4
6	チーズピザ	440	460	510	530	1,940	2
7	バジルピザ	550	560	600	630	2,340	1

セルG5の式

＝RANK.EQ(F5 , $F$4:$F$7 , 0)

相対参照
行に合わせて参照が変わる

絶対参照
参照が変わらない

STEP UP!

相対参照と絶対参照を間違えると?

RANK.EQ関数の範囲の引数は、絶対参照でなくてはなりませんが、間違えて相対参照にしてコピーすると、それぞれの行の式の範囲は変わるため、以下のように間違った結果になります。エラーは表示されず間違いに気づきにくいので注意が必要です。

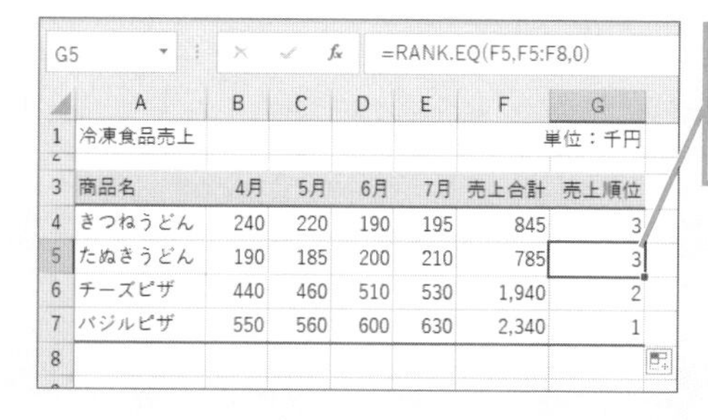

=RANK.EQ(F5,F5:F8,0)

	A	B	C	D	E	F	G
1	冷凍食品売上						単位：千円
3	商品名	4月	5月	6月	7月	売上合計	売上順位
4	きつねうどん	240	220	190	195	845	3
5	たぬきうどん	190	185	200	210	785	3
6	チーズピザ	440	460	510	530	1,940	2
7	バジルピザ	550	560	600	630	2,340	1

=RANK.EQ(F5,F5:F8,0)
コピーにより範囲が1行下にずれたため、正しい結果が得られない

SECTION

3 絶対参照の指定方法

絶対参照は「$」を入力すればいいんでしょ。

「$」をいっぱい入力しなくちゃならないから面倒だね。なんかいい方法ないのかな。

▶絶対参照の指定方法

練習用ファイル ▶ 02_05_02.xlsx

絶対参照は、相対参照から変換できます。相対参照は、セルをクリックしたり、セル範囲をドラッグしたりして指定しますが、その直後に F4 **キーを押すことで絶対参照に変換**されます。

相対参照
F4:F7
→ F4 キー →
絶対参照
$F$4:$F$7

LESSON2の方法で関数を入力した場合は、「参照」のボックスに「F4:F7」を表示したあと、F4 キーを押します。

●絶対参照の引数を入力する

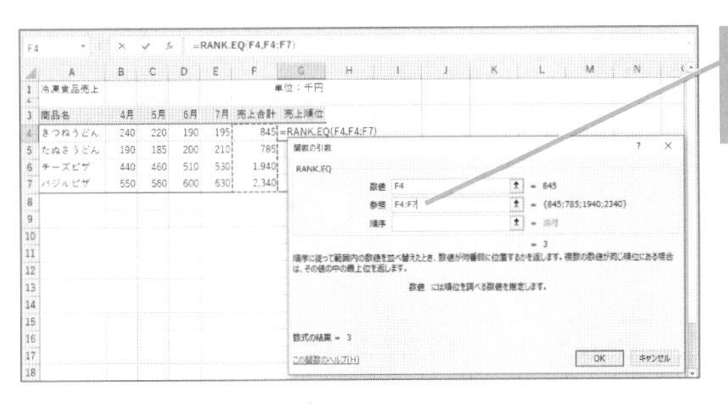

1 F4:F7を表示したあと F4 キーを1回押す

F4 キーは1回だけ押すのがポイントだよ！

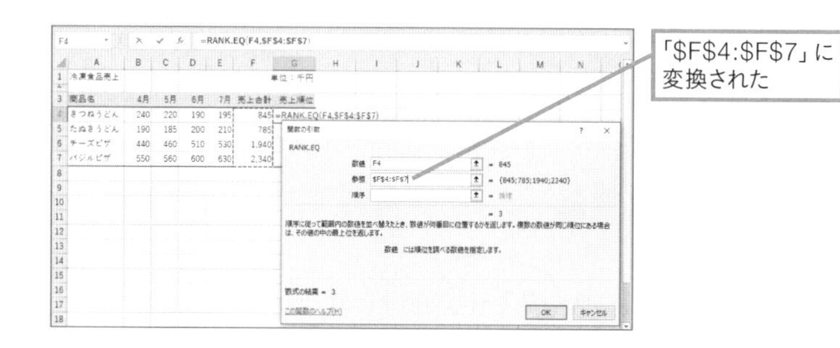

入力済みの式には F4 キー
使えないの？

数式バーで使えるよ。絶対参照に
したいところをドラッグして
F4 キーを押せばいいんだよ。

●入力済みの引数を絶対参照にする

	A	B	C	D	E	F	G
3	商品名	4月	5月	6月	7月	売上合計	売上順位
4	きつねうどん	240	220	190	195	845	F7,0)
5	たぬきうどん	190	185	200	210	785	
6	チーズピザ	440	460	510	530	1,940	
7	バジルピザ	550	560	600	630	2,340	

1 セル参照をドラッグして選択

2 F4 キーを押す

	A	B	C	D	E	F	G
3	商品名	4月	5月	6月	7月	売上合計	売上順位
4	きつねうどん	240	220	190	195	845	$F$7,0)
5	たぬきうどん	190	185	200	210	785	
6	チーズピザ	440	460	510	530	1,940	
7	バジルピザ	550	560	600	630	2,340	

「$F$4:$F$7」に変換された

F4 キーは相対参照を絶対参照に変換しますが、キーを押すたびに次のように変化します。

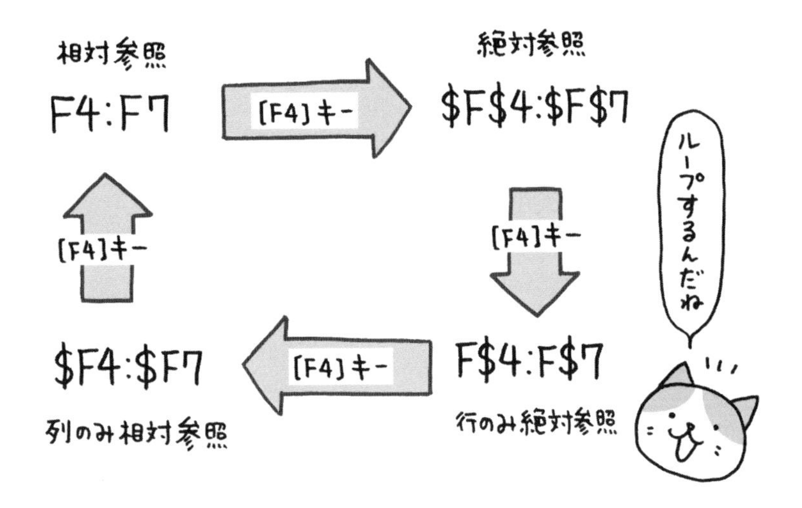

絶対参照の「$F$4:$F$7」は、列、行のどちらも固定（コピーしても変わらない）しますが、行のみ絶対参照の「F$4:F$7」は行だけを固定します。列のみ絶対参照では列だけを固定します。

例のRANK.EQ関数の「順位を調べたい範囲」は、コピー元、コピー先ともF列なのでコピーしても列が変わることはありません。したがって、行のみ絶対参照の「F$4:F$7」を指定することもできます。

G4 =RANK.EQ(F4,$F$4:$F$7,0)

=RANK.EQ(F4,F$4:F$7,0)

	A	B	C	D	E	F	G
1	冷凍食品売上						単位：千円
2							
3	商品名	4月	5月	6月	7月	売上合計	売上順位
4	きつねうどん	240	220	190	195	845	3
5	たぬきうどん	190	185	200	210	785	
6	チーズピザ	440	460	510	530	1,940	
7	バジルピザ	550	560	600	630	2,340	
8							

STEP UP!

テーブルの場合の参照

Excelにはデータを行、列単位で管理する「テーブル」機能があります。テーブルに計算式を入力するとき、セルやセル範囲の参照は「構造化参照」という特殊な表記になります。構造化参照はセルやセル範囲を表の項目名を基準にします。

たとえば、下図のG列にRANK.EQ関数を入力すると、引数に指定するF列（項目名は「売上合計」）は、[@売上合計]や[売上合計]という表記になります。

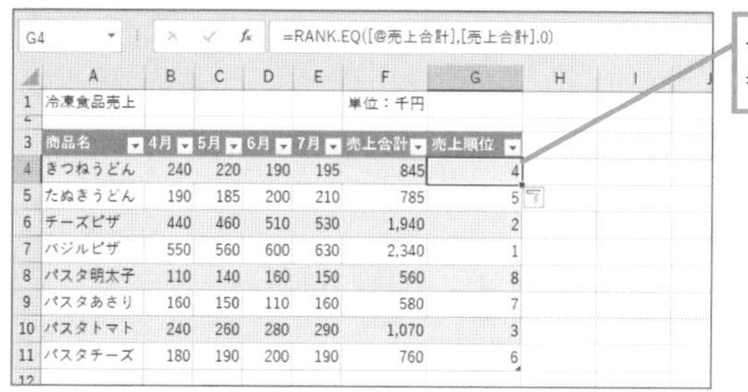

G4　=RANK.EQ([@売上合計],[売上合計],0)

	A	B	C	D	E	F	G
1	冷凍食品売上					単位：千円	
3	商品名	4月	5月	6月	7月	売上合計	売上順位
4	きつねうどん	240	220	190	195	845	4
5	たぬきうどん	190	185	200	210	785	5
6	チーズピザ	440	460	510	530	1,940	2
7	バジルピザ	550	560	600	630	2,340	1
8	パスタ明太子	110	140	160	150	560	8
9	パスタあさり	160	150	110	160	580	7
10	パスタトマト	240	260	280	290	1,070	3
11	パスタチーズ	180	190	200	190	760	6

テーブルでは構造化参照で表記する

G列の式

=RANK.EQ([@売上合計],[売上合計],0)

[@売上合計]：「売上合計」列のセルの意味

[売上合計]：「売上合計」列の全データの意味

相対参照や絶対参照と違って列を項目名で表すんだ。

「F列」っていう代わりに「売上合計の列」っていうわけね。

STEP UP!　練習用ファイル ▶ 02_05_STEPUP.xlsx

テーブルの作成

テーブルの作成は、表内のセルをクリックし、[ホーム] タブの [テーブルとして書式設定] から表の書式を選びます。テーブルにすると式を自動的にコピーしてくれるなど、表全体を効率よく扱うことができるようになります。

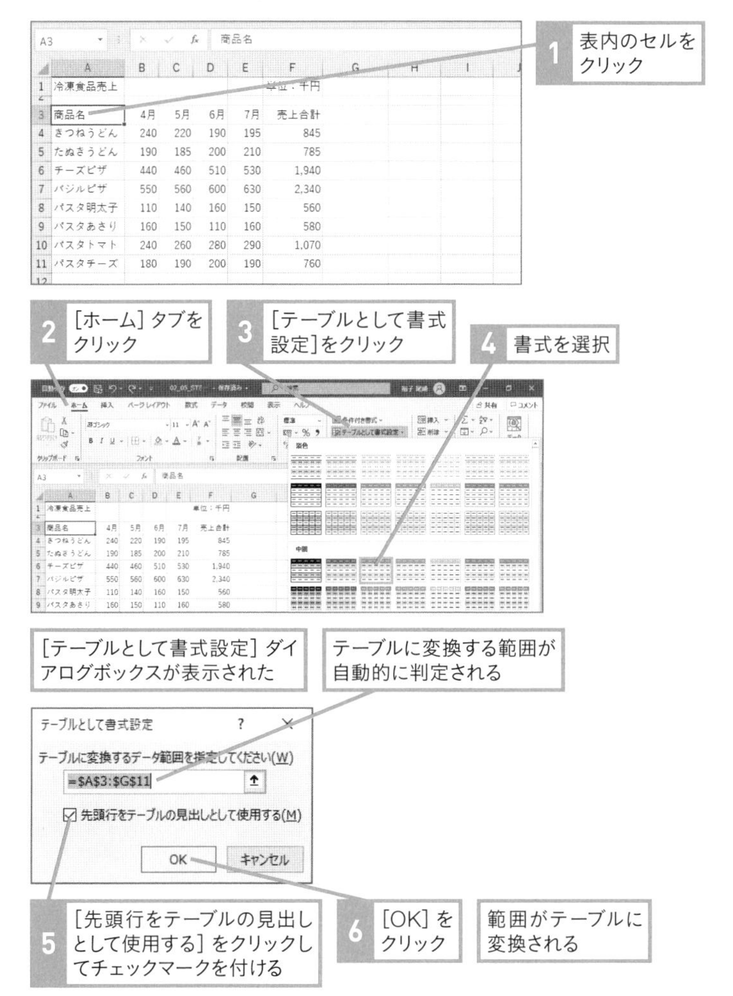

4 【チャレンジ】絶対参照を使って計算しよう

▶チャレンジ1

商品価格表を完成させましょう。C列の「割引額」をD2セルの割引率により計算します。関数は使用しません。四則演算の式で絶対参照を理解しましょう。

BEFORE

	A	B	C	D	E
1	商品価格表				
2			割引率	10%	
3					
4	商品名	価格	割引額	割引価格	
5	きつねうどん	200		200	
6	たぬきうどん	250		250	
7	チーズピザ	400		400	
8	バジルピザ	500		500	
9	パスタ明太子	480		480	
10	パスタあさり	550		550	
11	パスタトマト	320		320	
12	パスタチーズ	340		340	
13					
14					

↓

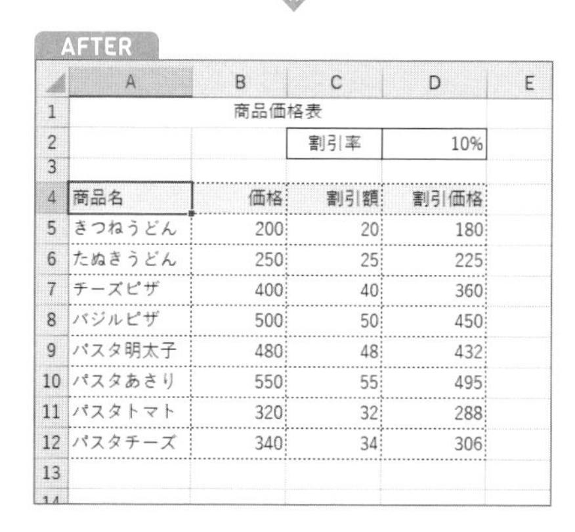

AFTER

	A	B	C	D	E
1	商品価格表				
2			割引率	10%	
3					
4	商品名	価格	割引額	割引価格	
5	きつねうどん	200	20	180	
6	たぬきうどん	250	25	225	
7	チーズピザ	400	40	360	
8	バジルピザ	500	50	450	
9	パスタ明太子	480	48	432	
10	パスタあさり	550	55	495	
11	パスタトマト	320	32	288	
12	パスタチーズ	340	34	306	
13					

▶チャレンジ2

商品価格表を完成させましょう。それぞれの列に割引率が入力されています（C4、D4、E4）。列ごとに割引後の金額が表示されるようにします。関数は使用しません。四則演算の式で絶対参照を理解しましょう。

BEFORE

	A	B	C	D	E	F
1	商品価格表					
3			割引率			
4			10%	15%	20%	
5	商品名	価格	割引価格	割引価格	割引価格	
6	きつねうどん	200				
7	たぬきうどん	250				
8	チーズピザ	400				
9	バジルピザ	500				
10	パスタ明太子	480				
11	パスタあさり	550				
12	パスタトマト	320				
13	パスタチーズ	340				
14						

↓

AFTER

	A	B	C	D	E	F
1	商品価格表					
3			割引率			
4			10%	15%	20%	
5	商品名	価格	割引価格	割引価格	割引価格	
6	きつねうどん	200	180	170	160	
7	たぬきうどん	250	225	212.5	200	
8	チーズピザ	400	360	340	320	
9	バジルピザ	500	450	425	400	
10	パスタ明太子	480	432	408	384	
11	パスタあさり	550	495	467.5	440	
12	パスタトマト	320	288	272	256	
13	パスタチーズ	340	306	289	272	
14						

▶チャレンジ1解答

セルC5の計算式は「価格×割引率」で、セルに入力する式で表すと「=B5*D2」です。次にセルC6の計算式を考えてみましょう。式は「=B6*D2」です。B列の「価格」は行により異なり、セルD2の「割引率」はどの行においても同じです。ということはセルD2を絶対参照にします。

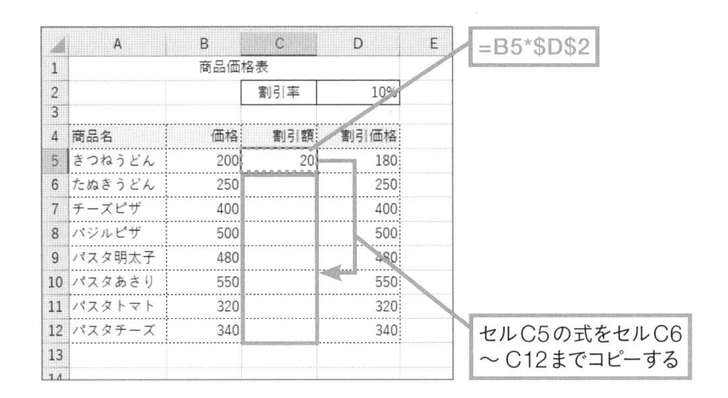

	A	B	C	D	E
1	商品価格表				
2			割引率	10%	
3					
4	商品名	価格	割引額	割引価格	
5	きつねうどん	200	20	180	
6	たぬきうどん	250		250	
7	チーズピザ	400		400	
8	バジルピザ	500		500	
9	パスタ明太子	480		480	
10	パスタあさり	550		550	
11	パスタトマト	320		320	
12	パスタチーズ	340		340	
13					

=B5*$D$2
セルC5の式をセルC6
～C12までコピーする

●操作例

①セルC5をクリック

②「=B5*D2」と入力し F4 キーを1回押す

③式が「=B5*$D$2」に変わったことを確認し Enter キーを押す

④セルC5の式をセルC12までコピーする

▶チャレンジ2解答

割引価格は「価格×(100%-割引率)」の式で求めます。最も効率よい方法は、セルC6に入力した式を右方向（セルD6とセルE7）にコピーし、そのあとセルC6～E7の範囲を下方向(13行まで)にコピーします。

まず、セルC6、D6、E6の計算式を考えてみましょう（参照①）。式に共通するのは「B6」と割引率の「4」です。しかし、セルC7、D7、E7の計算式を考えてみると（参照②）「B6」は共通ではありません。共通しているのは「B」のみです。このように考えると、絶対参照にするのは価格の「B」と割引率の「4」であることがわかります。それらを絶対参照の指定にします。セルC6に入力する計算式は「=$B6*(100%-C$4)」となります。

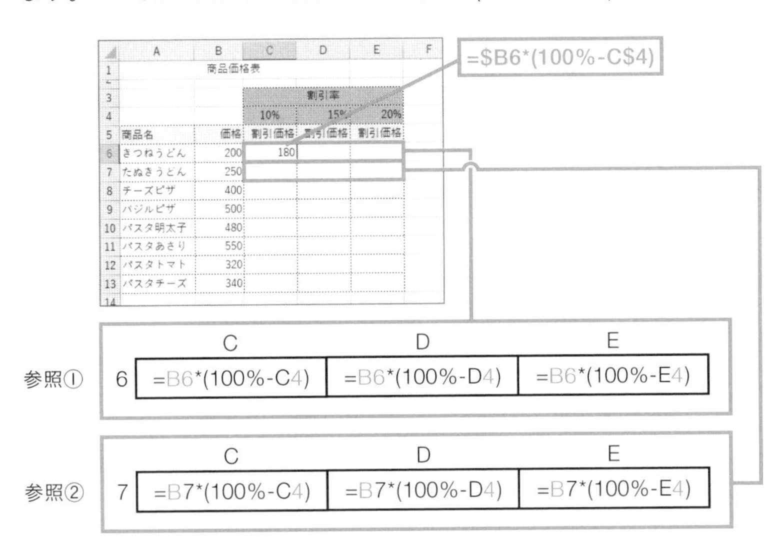

このLESSONのポイント

- 式にセル番号、セル範囲を指定するのがセルの「参照」
- 参照には「相対参照」と「絶対参照」がある。関数の引数には使い分ける必要がある
- 相対参照はコピーするとずれる、絶対参照はコピーしてもずれない
- 絶対参照の指定は F4 キーで

EPILOGUE

あー、相対参照と絶対参照で頭使ったー。一休みしよ。

絶対参照、理解できた？

ばっちり。「$」をつけとけばコピーしてもずれない！　でしょ。

そうそう。それがわかっていれば大丈夫だね。

それよりぼくはExcel好きになりそうだよ。関数の入力はめんどくさそうと思ってたけど、意外とExcelは助けてくれるんだもん。

Excelが助けてくれる？

そう。だって関数名は先頭の１～２文字を入れるだけで、ささっと候補を出してくれるでしょ。引数はダイアログボックスに詳しく書いてあるし。絶対参照の「$」も F4 キー押すだけでつけてくれるし。かゆいところに手がとどくっていうの、ありがとうExcel。

たしかに助けてくれてるね。こういうのを知らないと、関数の入力がストレスになってたかもね。猫山くん気づかせてくれてありがとう！

第3章

よく使われる関数から覚えよう

部内で使っている表を見てみようよ
まず身近で使われているファイルが理解できないとだもんね

PROLOGUE

よーし、かたっぱしから関数使っていくよ！

関数の基本は習得できた？

はい！　もうどんな関数でもかかってこい！　って感じです。

よしよし。じゃ、やっとSUM関数だね。

課長、SUM関数はもうばっちりですってば。

自信満々だね。いいね。じゃあテストするよ。累計を求めよ！

累計ってSUM関数使う？　可愛くん助けて！

累計って数値を順にひとつずつ足していく計算ですよね。SUM関数使うんですか？

そうだよ。SUM関数の引数を工夫すると効率よく式を入力できるんだよ。

引数の工夫ですか？

ちょっとしたワザみたいなものなんだけどね。SUM関数のような基本の関数は、いろんな使い方されてるから、実際の事例に触れてみるといいよ。

LESSON 06

よく使われる関数

ビジネスの現場に必須の関数

よく使われる関数って何だろう。思いつくのは、SUM、AVERAGEとかだよね。

給料日まであと何日か出してくれる関数！　絶対みんな使ってる！

そんな関数はないんじゃないかな……。

SECTION

1 よく使われる一般的な関数

職種や業務に関係なくよく使われる関数は、やはり**合計や平均など基本的な計算**をするものです。それに加えよく目にする資料や書類で使われる関数と考えればいいでしょう。仕事内容によって違いますが、たとえば、売上報告、工数管理表、請求書などです。身近なExcelファイルに使われている関数を確認してみましょう。

部内で使っている表を見てみようよ
まず身近で使われているファイルが理解できないとだもんね

このLESSONでは、集計、評価、伝票に使われる関数を紹介します。基本中の基本の関数です。

SECTION

集計表によく使われる関数

集計表って数値を合計してまとめる表だよね。

ぼくたちがよく目にするのは、商品別売上集計、月別売上集計なんかだね。

合計と平均しか思い浮かばないけど、他にもあるのかな？

▶合計、平均、個数を求める　練習用ファイル ▶ 03_06_01.xlsx

集計表は、**数値データの全体像をつかむ**ために作成されます。合計、平均などの集計結果からデータの傾向を見ますが、月ごとに集計したり、商品ごとに集計したり、目的によってまとめ方を変えて作成します。集計表では、合計、平均のほか、**データの個数を数えるCOUNT関数**もよく使われます。まずは、合計、平均、個数を表示する関数を確認しておきましょう。

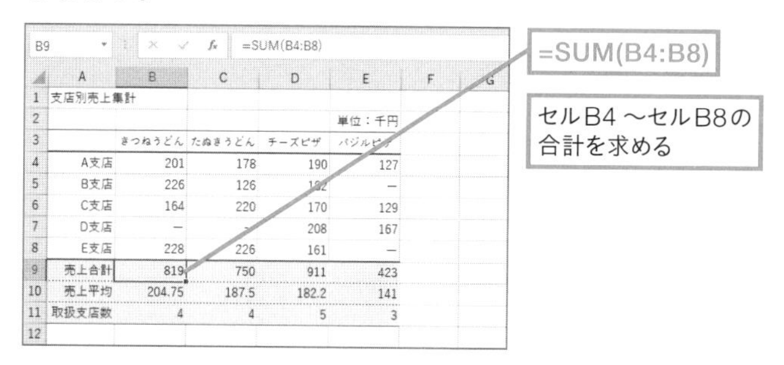

B9　=SUM(B4:B8)

	A	B	C	D	E
1	支店別売上集計				
2					単位：千円
3		きつねうどん	たぬきうどん	チーズピザ	バジルピザ
4	A支店	201	178	190	127
5	B支店	226	126	182	–
6	C支店	164	220	170	129
7	D支店	–	–	208	167
8	E支店	228	226	161	–
9	売上合計	819	750	911	423
10	売上平均	204.75	187.5	182.2	141
11	取扱支店数	4	4	5	3
12					

=SUM(B4:B8)
セルB4～セルB8の合計を求める

書式　数値の合計を求める

=SUM(数値1,数値2,・・・数値255)（サム）

●引数

数値：合計したい数値。255個まで指定可能。セル範囲でもOK

引数は255個まで指定可能ってどういうこと？

普通はひとつの範囲を指定して終わりだよ。範囲が複数あるとき255個まで指定できるってことだね。

	A	B	C	D	E	F	G
1	支店別売上集計						
2					単位：千円		
3		きつねうどん	たぬきうどん	チーズピザ	バジルピザ		
4	A支店	201	178	190	127		
5	B支店	226	126	182	―		
6	C支店	164	220	170	129		
7	D支店	―	―	208	167		
8	E支店	228	226	161	―		
9	売上合計	819	750	911	423		
10	売上平均	204.75	187.5	182.2	141		
11	取扱支店数	4	4	5	3		
12							

=AVERAGE(B4:B8)

セルB4 ～セルB8の平均を求める

=COUNT(B4:B8)

セルB4 ～セルB8の個数を数える

あれ？　支店数は5のはずだけど。

COUNT関数は数値を数えるから、文字の「ー」は数えてくれないんだ。

書式　数値の平均を求める

アベレージ

=AVERAGE(数値1, 数値2, ･･･ 数値255)

●引数

数値：平均したい数値。255個まで指定可能。セル範囲でもOK

書式　数値(日付や時刻データも含む)の個数を数える

カウント

=COUNT(数値1, 数値2, ･･･ 数値255)

●引数

数値：数えたい数値。255個まで指定可能。セル範囲でもOK

STEP UP!

[オートSUM]ボタンを使う場合

[ホーム] タブ、[数式] タブにある [オートSUM] ボタンは、SUM関数を自動入力してくれます。結果を表示したいセルで[オートSUM] ボタンをクリックすると、自動的に引数の範囲を指定してくれます。ただし、範囲は間違っていることがあります。その場合は、正しい範囲をドラッグして、指定し直す必要があります。

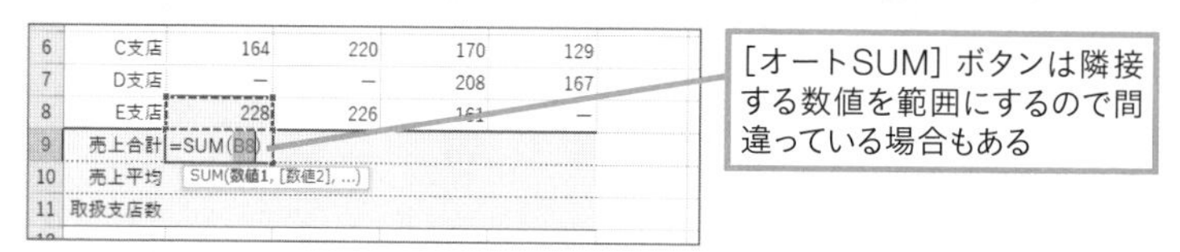

STEP UP!

文字データを含む場合の平均値は?

平均を求めるAVERAGE関数は、文字や空白のセルを計算の対象にしません。例では商品の取り扱いがないことを「—」(文字) で示していますので、取り扱いのある4支店での平均が計算されています。「—」**の代わりに「0」(数値) を入力**すると計算の対象になり、5支店での平均が計算されます。

A1 支店別売上集計

	A	B	C	D	E	F
1	支店別売上集計					
2					単位：千円	
3		きつねうどん	たぬきうどん	チーズピザ	バジルピザ	
4	A支店	201	178	190	127	
5	B支店	226	126	182	−	
6	C支店	164	220	170	129	
7	D支店	−	−	208	167	
8	E支店	228	226	161	−	
9	売上合計	819	750	911	423	
10	売上平均	204.75	187.5	182.2	141	
11	取扱支店数	4	4	5	3	
12						

文字の「—」(ハイフン) は計算の対象外になる

SECTION

3 数値を評価する表に使われる関数

評価って順位づけのことだよね。

RANK.EQ関数！　2番目の引数は絶対参照！(63ページ参照)

そうそうそれそれ。ほかにもよく使う関数ってあるのかな？

▶順位付け、最大値、最小値を求める　練習用ファイル ▶ 03_06_02.xlsx

順位は、**ある数値が全体のどのあたりに位置するかを知ることができる**ためよく利用されます。最大値(MAX関数)、最小値(MIN関数)からは数値データの範囲がわかり、データの全体像を把握することができます。

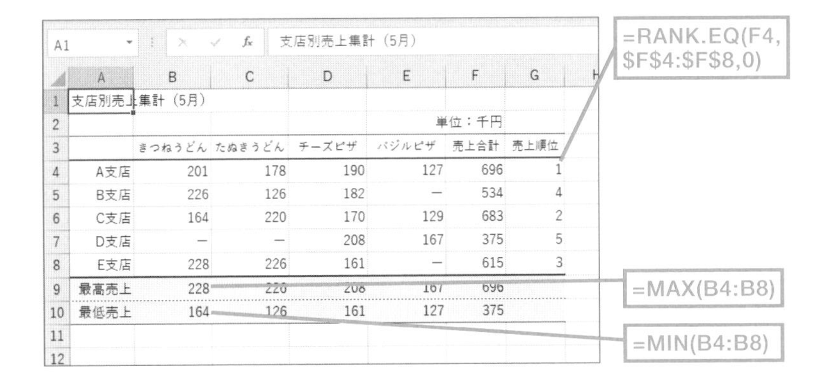

	A	B	C	D	E	F	G
1	支店別売上集計（5月）						
2					単位：千円		
3		きつねうどん	たぬきうどん	チーズピザ	バジルピザ	売上合計	売上順位
4	A支店	201	178	190	127	696	1
5	B支店	226	126	182	―	534	4
6	C支店	164	220	170	129	683	2
7	D支店	―	―	208	167	375	5
8	E支店	228	226	161	―	615	3
9	最高売上	228	226	208	167	696	
10	最低売上	164	126	161	127	375	

A1
支店別売上集計（5月）
=RANK.EQ(F4,$F$4:$F$8,0)
=MAX(B4:B8)
=MIN(B4:B8)

セルB9とセルB10の関数は何をしているの？

B列の最大値と最小値を表示してるんだ。

書式 順位を調べる

=RANK.EQ(数値 , 参照 , 順序)

（ランクイコール）

●引数

数値：順位を知りたい数値

参照：順位を調べたい全体の範囲

順序：順位の付け方。降順（大きい順）の場合「0」、昇順（小さい順）の場合「1」

書式 最大値を表示する

=MAX(数値1,数値2,・・・数値255)

（マックス）

●引数

数値：最大値を求めたい数値。255個まで指定可能。セル範囲でもOK

書式 最小値を表示する

=MIN(数値1,数値2,・・・数値255)

（ミニマム）

●引数

数値：最小値を求めたい数値。255個まで指定可能。セル範囲でもOK

MAXやMINで最大値、最小値はわかるけど、表の中のどこにあるかはわからないの？

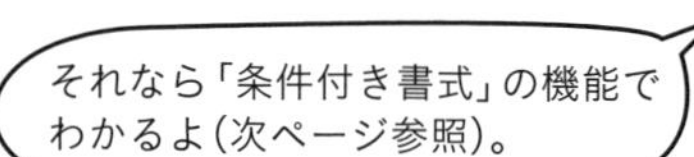

それなら「条件付き書式」の機能でわかるよ（次ページ参照）。

STEP UP!　練習用ファイル ▶ 03_06_STEPUP.xlsx

最大値、最小値の位置を知りたい

MAX関数、MIN関数は、最大値、最小値を抜き出して表示します。そのため何の値なのか、どこにあるかは目で探すしかありません。最大値、最小値の位置がすぐわかるようにするには**「条件付き書式」機能でセルに色を付ける**方法があります。

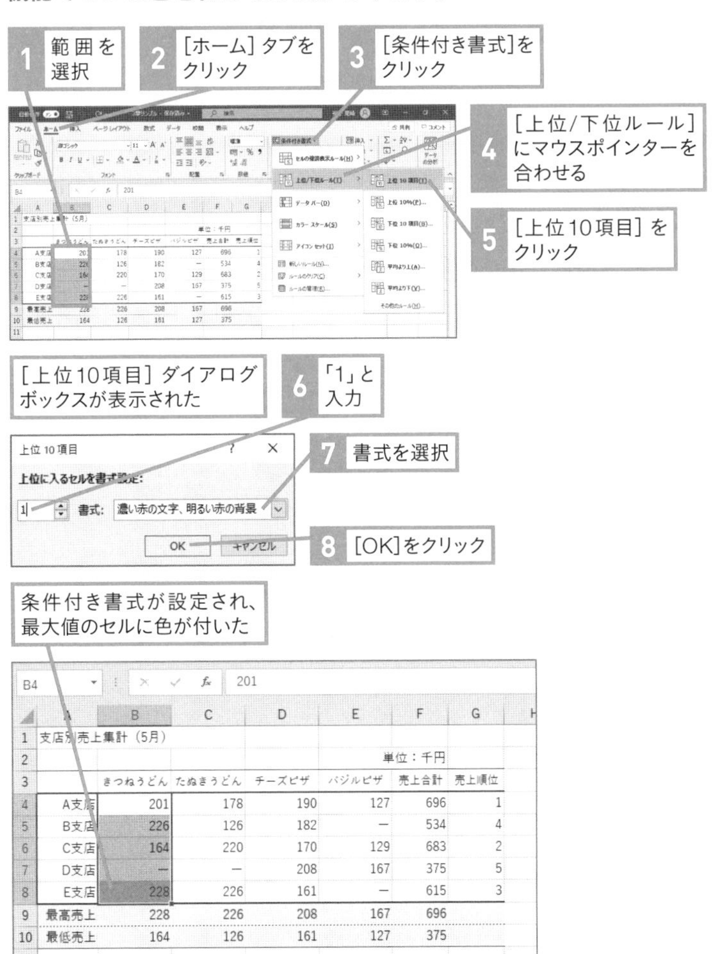

SECTION

請求書などの伝票に使われる関数

伝票っていうと、見積書、請求書、仕入伝票とかだよね。

基本的にお客さんとのやりとりで発生するものだね。

間違えたら大変だ！

▶消費税の端数処理

練習用ファイル ▶ 03_06_03.xlsx

見積書や請求書などの伝票に欠かせない消費税は、**小数点以下を四捨五入するなどの端数処理が必要**です。端数処理の方法は、四捨五入や切り捨てなど事業者が選択します。四捨五入する場合は、**ROUND**（ラウンド）**関数**を使います。切り捨てには**ROUNDDOWN**（ラウンドダウン）**関数**、切り上げには**ROUNDUP**（ラウンドアップ）**関数**を使います。引数はROUND関数と同じです。

	品名	単価	数量	金額	備考
12	たぬきうどん	250	10	2,500	
13	チーズピザ	400	4	1,600	
14	パスタトマト	324	8	2,592	
15	パスタチーズ	340	10	3,400	
16	小計			10,092	
17	消費税			807	(軽減税率8%)
18	合計			10,899	

=ROUND(E16*8%,0)

ここでは、セルE16の小計に8%を掛けて軽減税率の消費税を計算し、それを四捨五入している

書式 四捨五入する

=ROUND(数値, 桁数)（ラウンド）

●引数

数値：四捨五入したい数値

桁数：四捨五入したい桁を指定。「0」の指定により小数点以下を四捨五入

※ROUNDDOWN関数（切り捨て）、ROUNDUP関数（切り上げ）も同じ引数です。

STEP UP!

引数「桁数」の指定方法

引数［桁数］には、処理する位置を0、+や-の数値で指定します（図参照）。たとえば、ROUND関数で「0」を指定すると小数点以下第1位が処理され、結果は小数点以下が四捨五入された123となります。「-1」を指定すると1の位が処理され、結果は120となります。

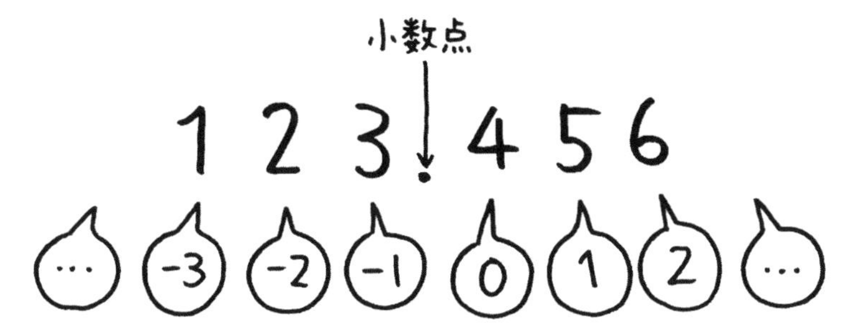

引数［桁数］に指定する数値

STEP UP!

書式による四捨五入に注意

セルに「桁区切りスタイル」を設定すると小数点以下の端数は自動的に四捨五入されます。ただし、これは**表示のみ四捨五入**されたもので、数値自体は小数点以下の端数を持ったままです。このままにしてほかの計算に使用すると端数を持った数値による計算が行われることになります。注意が必要です。

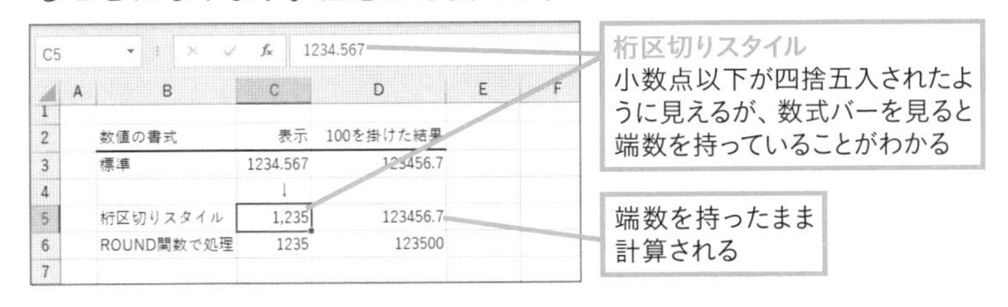

▶月末の日付表示

練習用ファイル ▶ 03_06_04.xlsx

日付はいろいろな資料に欠かせませんが、請求書などの伝票では**特定の日付を表示**することがあります。たとえば、請求書発行日、支払い期限日などです。これらの日付を表示するのに利用できる関数があります。ここでは、月末の日付を表示する**EOMONTH（エンドオブマンス）関数を使い、請求書発行日の翌月末**を表示します。

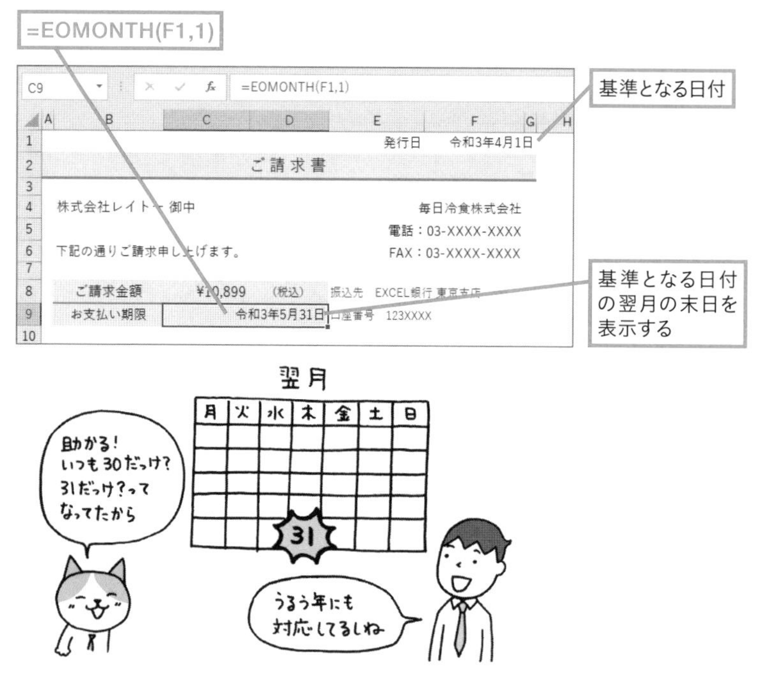

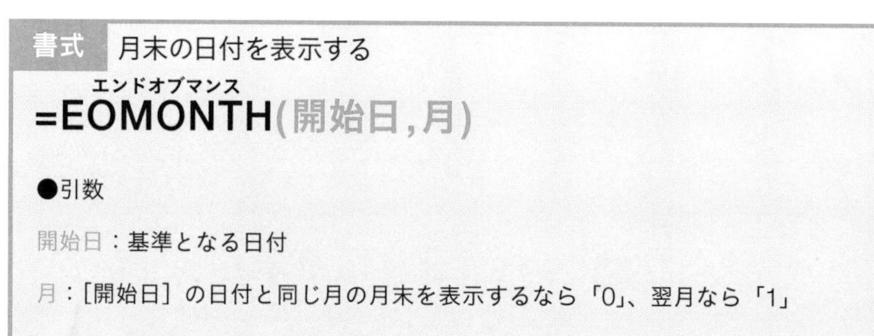

書式　月末の日付を表示する

=EOMONTH（エンドオブマンス）(開始日,月)

●引数

開始日：基準となる日付

月：[開始日] の日付と同じ月の月末を表示するなら「0」、翌月なら「1」

▶○営業日後の日付表示

練習用ファイル ▶ 03_06_05.xlsx

請求書などの伝票によく見られる「○営業日後」の日付を表示してみましょう。「○営業日後」は営業日だけを数えます。たとえば、土日が休みの場合の木曜日の「3営業日後」は翌週の火曜日です。このように**土日を除いた○日後は、WORKDAY（ワークデイ）関数で表示することができます**。ここでは、支払い期限に発行日の「7営業日後」の日付を表示します。

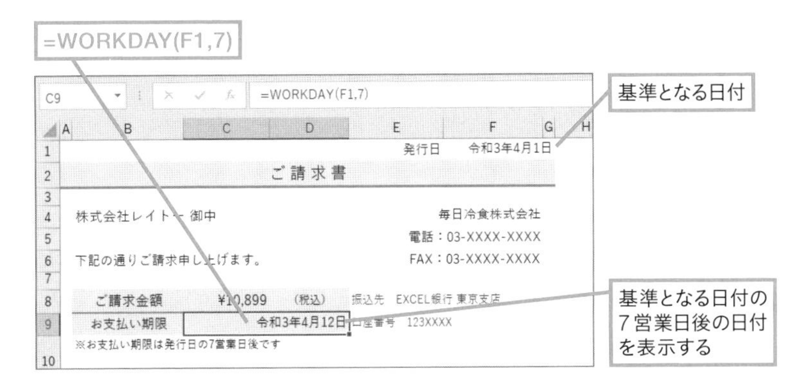

書式　土日を除いた○日後の日付を表示する

=WORKDAY（ワークデイ）(開始日,日数,祭日)

●引数

開始日：基準となる日付

日数：土日を除き「○日後」とする経過日数を指定

祭日：土日以外に除外したい日付を指定。日付が入力してあるセルやセル範囲を指定してもいい。省略可

※ 土日ではなく指定した曜日を除きたい場合はWORKDAY.INTL関数を使います。

第3章 よく使われる関数から覚えよう

STEP UP!

そのほかの便利な日付関数

日付を表示したり計算したりする関数はほかにもいろいろあります。必要に応じて使ってみましょう。

書式 今日の日付を表示する

トゥデイ
=TODAY()

●引数

指定する引数はなし。日付は自動更新されるので注意

書式 数値を日付に変換する

デイト
=DATE(年,月,日)

●引数

年：西暦年にしたい数値を指定。数値が入力されたセルでもいい

月：月にしたい数値（1～12）を指定。数値が入力されたセルでもいい

日：日にしたい数値（1～31）を指定。数値が入力されたセルでもいい

書式 土日を除いた日数を数える

ネットワークデイ
=NETWORKDAY(開始日,終了日,祭日)

●引数

開始日：日数を数えたい期間のはじめの日の日付を指定

終了日：日数を数えたい期間の終わりの日の日付を指定

祭日：[開始日] から [終了日] の期間内で土日以外に除外したい日付を指定。日付が入力してあるセルやセル範囲を指定してもいい。省略可

STEP UP!

日付のシリアル値を知ろう

日付は「2021/4/1」のように「西暦年/月/日」の形式で入力するのが基本です。この形式で入力した日付は、**Excel内部では「シリアル値」という数値に置き換えて計算**されます。シリアル値は、1900年1月1日を「1」と定め1日ごとに1が加算される数値です。たとえば、2021年4月1日のシリアル値は「44287」となります。

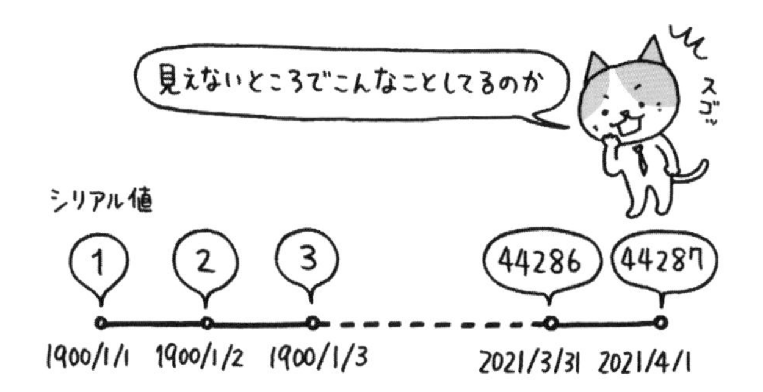

日付の計算は、月によって日数が違ったり、年によってうるう年であったりするため難しくなります。そこで、シリアル値を使って計算するしくみになっています。なお、関数の引数に「シリアル値」とある場合は、日付を「"」で括り「"2021/4/1"」のように指定します。計算式に日付を使うときも同様です。

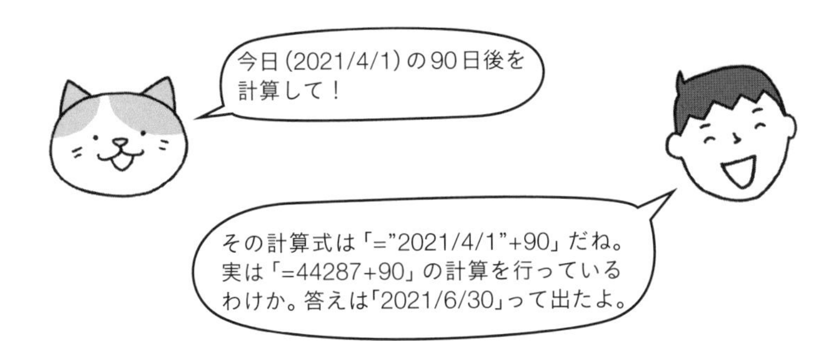

SECTION

練習用ファイル ▶ 03_06_チャレンジ.xlsx

5 【チャレンジ】関数を入力して表を完成しよう②

▶チャレンジ1

商品価格表の「有効期限」が自動表示されるようにしましょう。「有効期限」は「作成日」と同じ月の月末が表示されるようにします。

BEFORE

	A	B	C	D	E	F
1	**商品価格表**			作成日	2012/5/1	
2	商品数			有効期限		
3						
4	分類	商品名	単価	消費税率	税込価格	
5	食品	チョコレート	100	8%		
6	食品	クッキー	150	8%		
7	食品	キャンディ	160	8%		
8	食品	グミ	180	8%		
9	食品	ガム	110	8%		
10	酒類	ビール	500	10%		
11	酒類	ワイン	700	10%		
12	酒類	日本酒	400	10%		
13						

AFTER

	A	B	C	D	E	F
1	**商品価格表**			作成日	2012/5/1	
2	商品数	8		有効期限	2012/5/31	
3						
4	分類	商品名	単価	消費税率	税込価格	
5	食品	チョコレート	100	8%		
6	食品	クッキー	150	8%		
7	食品	キャンディ	160	8%		
8	食品	グミ	180	8%		
9	食品	ガム	110	8%		
10	酒類	ビール	500	10%		
11	酒類	ワイン	700	10%		
12	酒類	日本酒	400	10%		
13						

▶チャレンジ2

商品価格表を完成させましょう。「税込価格」を表示します。小数点以下の端数は四捨五入します。

BEFORE

	A	B	C	D	E	F
1	**商品価格表**			作成日	2012/5/1	
2	商品数	8		有効期限	2012/5/31	
3						
4	分類	商品名	単価	消費税率	税込価格	
5	食品	チョコレート	100	8%		
6	食品	クッキー	150	8%		
7	食品	キャンディ	160	8%		
8	食品	グミ	180	8%		
9	食品	ガム	110	8%		
10	酒類	ビール	500	10%		
11	酒類	ワイン	700	10%		
12	酒類	日本酒	400	10%		
13						

↓

AFTER

	A	B	C	D	E	F
1	**商品価格表**			作成日	2012/5/1	
2	商品数	8		有効期限	2012/5/31	
3						
4	分類	商品名	単価	消費税率	税込価格	
5	食品	チョコレート	100	8%	108	
6	食品	クッキー	150	8%	162	
7	食品	キャンディ	160	8%	173	
8	食品	グミ	180	8%	194	
9	食品	ガム	110	8%	119	
10	酒類	ビール	500	10%	550	
11	酒類	ワイン	700	10%	770	
12	酒類	日本酒	400	10%	440	
13						

▶チャレンジ1解答

月末の日付はEOMONTH関数で表示します。EOMONTH関数の2つ目の引数には、何か月後の月末を表示するか月数を指定します。翌月の月末なら「1」です。ここでは、作成日と同じ月の月末なので「0」を指定します。

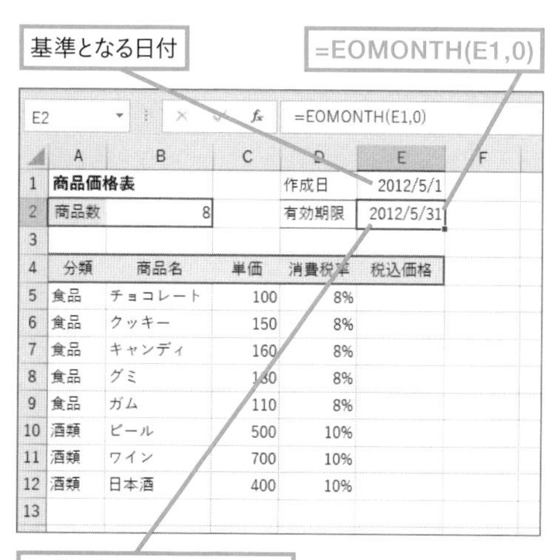
基準となる日付
=EOMONTH(E1,0)
E2
=EOMONTH(E1,0)
基準となる日付と同じ月の末日が表示される

	A	B	C	D	E	F
1	商品価格表			作成日	2012/5/1	
2	商品数	8		有効期限	2012/5/31	
3						
4	分類	商品名	単価	消費税率	税込価格	
5	食品	チョコレート	100	8%		
6	食品	クッキー	150	8%		
7	食品	キャンディ	160	8%		
8	食品	グミ	130	8%		
9	食品	ガム	110	8%		
10	酒類	ビール	500	10%		
11	酒類	ワイン	700	10%		
12	酒類	日本酒	400	10%		
13						

ちなみに、2つ目の引数に「-1」を入れたら前月の月末になるんだよ。

なるほど！

▶チャレンジ2解答

「税込価格」は、「単価×（100%＋消費税率）」で求めることができます。この結果を四捨五入するので、ROUND関数の引数に「単価×（100%＋消費税率）」の式を直接指定します。小数点以下を四捨五入するには、2つ目の引数に「0」を指定します。

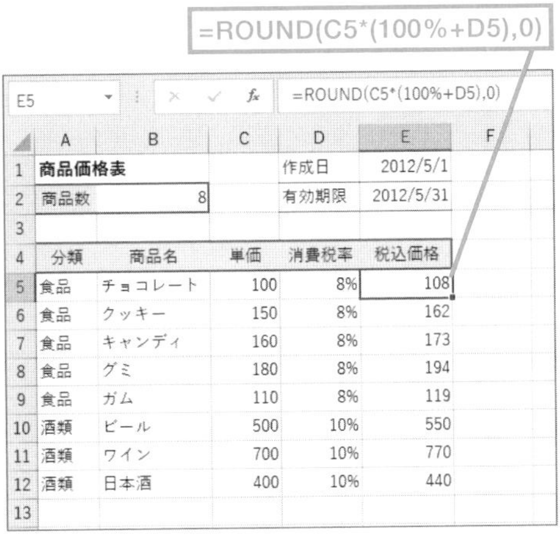

=ROUND(C5*(100%+D5),0)

E5 =ROUND(C5*(100%+D5),0)

	A	B	C	D	E	F
1	**商品価格表**			作成日	2012/5/1	
2	商品数	8		有効期限	2012/5/31	
3						
4	分類	商品名	単価	消費税率	税込価格	
5	食品	チョコレート	100	8%	108	
6	食品	クッキー	150	8%	162	
7	食品	キャンディ	160	8%	173	
8	食品	グミ	180	8%	194	
9	食品	ガム	110	8%	119	
10	酒類	ビール	500	10%	550	
11	酒類	ワイン	700	10%	770	
12	酒類	日本酒	400	10%	440	
13						

このLESSONのポイント

- 数値の全体像がわかる集計では基本のSUM関数、AVERAGE関数、COUNT関数がやはり重要
- ある数値が全体の中でどの位置にあるのか評価するには、RANK.EQ関数、MAX関数、MIN関数が役立つ
- お客様とやりとりする伝票では日付表示や端数処理が欠かせない。関数を使って間違いを防ごう

LESSON 07

SUM関数

いろいろな合計を求めるワザ

合計っていってもいろいろあるんだねぇ。フムフム。

合計のいろいろ?

SUM関数の使い方、ワザみたいなものだよ。

SECTION

練習用ファイル ▶ 03_07_01.xlsx

SUM関数のいろいろ

合計は集計表などで、横1行や縦1列を合計するのをよく見ますが、表の内容や表の作り方によっては**必ずしも横1行、縦1列の合計とはなりません。**次ページの2つの表は、支店ごとの売上の合計を表示するものですが、目的により合計の計算も違ってきます。

このLESSONでは、表により異なる使い方をするSUM関数の事例をみてみましょう。

書式 数値の合計を求める

=SUM(数値1,数値2,・・・数値255)（SUM：サム）

●引数

数値：合計したい数値。255個まで指定可能。セル範囲でもOK

●全支店の合計を見る集計表

	A	B	C	D	E	F
1	支店別売上集計（5月）					
2						単位：千円
3		きつねうどん	たぬきうどん	チーズピザ	バジルピザ	売上合計
4	A支店	201	178	190	127	696
5	B支店	226	126	182	190	724
6	C支店	164	220	170	129	683
7	D支店	190	198	208	211	807
8	E支店	228	226	161	178	793
9	F支店	198	234	290	220	942
10	G支店	201	234	245	273	953
11	H支店	181	239	202	216	838
12	全支店合計	1,589	1,655	1,648	1,544	6,436
13			合計			

よく見る集計表だね。

●地区別、全支店の合計を見る集計表

	A	B	C	D	E	F
1	支店別売上集計（5月）					
2						単位：千円
3		きつねうどん	たぬきうどん	チーズピザ	バジルピザ	売上合計
4	A支店	201	178	190	127	696
5	B支店	226	126	182	190	724
6	C支店	164	220	170	129	683
7	関東地区合計	591	524	542	446	2,103
8	D支店	190	198	208	211	807
9	E支店	228	226	161	178	793
10	中部地区合計	418	424	369	389	1,600
11	F支店	198	234	290	220	942
12	G支店	201	234	245	273	953
13	H支店	181	239	202	216	838
14	関西地区合計	580	707	737	709	2,733
15	全支店合計	1,589	1,655	1,648	1,544	6,436
16			合計			

この表は地区ごとに売上を合計しているから、それらを集計すれば全支店の合計を出せるね。

SECTION

2 小計の合計を求める

小計と合計の違いって?

小さいグループの計が小計、小計をまとめたのが合計だよ。

てことは、合計のSUM関数の引数はどうなるの?

▶小計の合計

練習用ファイル ▶ 03_07_02.xlsx

ひとつの表に小計と合計が含まれている場合、SUM関数の引数には注意が必要です。下図の場合、支店を地区ごとにまとめた計（小計）が表に含まれています。**一番下の合計では小計の計を表示**します。このときのSUM関数の引数は、複数の小計を「,」で区切って指定します。

A1 | 支店別売上集計（5月）

	A	B	C	D	E	F
1	支店別売上集計（5月）					
2						単位：千円
3		きつねうどん	たぬきうどん	チーズピザ	バジルピザ	売上合計
4	A支店	201	178	190	127	696
5	B支店	226	126	182	190	724
6	C支店	164	220	170	129	683
7	関東地区合計	591	524	542	446	2,103
8	D支店	190	198	208	211	807
9	E支店	228	226	161	178	793
10	中部地区合計	418	424	369	389	1,600
11	F支店	198	234	290	220	942
12	G支店	201	234	245	273	953
13	H支店	181	239	202	216	838
14	関西地区合計	580	707	737	709	2,733
15	全支店合計	1,589	1,655	1,648	1,544	6,436
16						

=SUM(B7,B10,B14)

セルB7とセルB10とセルB14の合計を求める

引数を指定するとき Ctrl キーを押しながら3か所をクリックするのが簡単だよ。

そうすると、クリックしたセルが「,」で区切って指定される!

STEP UP!

練習用ファイル ▶ 03_07_STEPUP.xlsx

小計の合計には[オートSUM]ボタンを使おう

[オートSUM] ボタンでSUM関数を入力すると引数を自動選択してくれます。そのしくみは隣接した数値の範囲を指定するというものですが、隣接する範囲にSUM関数が含まれていた場合、そのセルだけを自動的に選択して引数にしてくれます。小計の数が多いときにはとくに便利です。

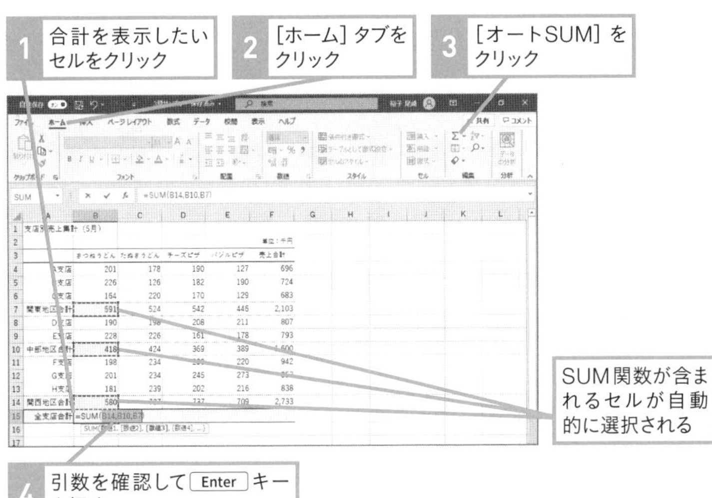
1 合計を表示したいセルをクリック
2 [ホーム] タブをクリック
3 [オートSUM] をクリック
=SUM(B14,B10,B7)
SUM関数が含まれるセルが自動的に選択される
4 引数を確認して Enter キーを押す

地区がいっぱいあるとき便利！

自動選択された引数が間違ってないか確認しなくちゃだね。

SECTION

3 表全体の総合計を求める

先月の売上総合計は……。行ごとに合計を出して、それをまた合計すればいいか。

なんか面倒。一度でできないの？

▶表の総合計　練習用ファイル ▶ 03_07_03.xlsx

SUM関数の引数に指定する範囲は、行のみ、列のみというわけではありません。**複数の行列をまとめて範囲として指定**することができます。下図の例では、表とは別に総売上を表示しています。この場合、SUM関数の引数に表の数値すべてを指定します。

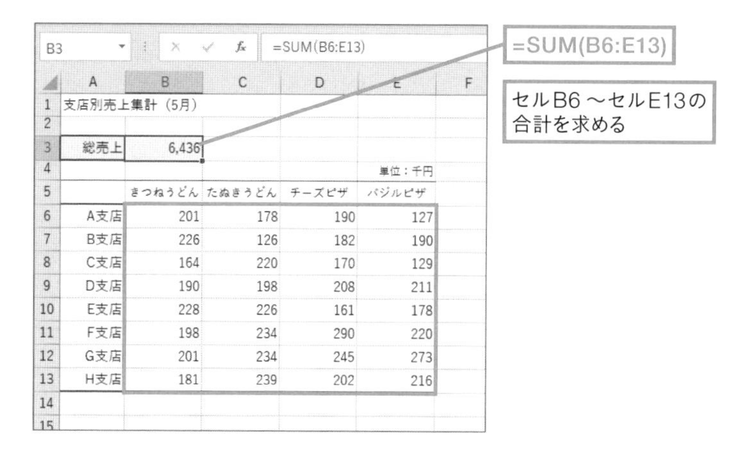

B3　=SUM(B6:E13)

支店別売上集計（5月）

総売上	6,436			

単位：千円

	きつねうどん	たぬきうどん	チーズピザ	バジルピザ
A支店	201	178	190	127
B支店	226	126	182	190
C支店	164	220	170	129
D支店	190	198	208	211
E支店	228	226	161	178
F支店	198	234	290	220
G支店	201	234	245	273
H支店	181	239	202	216

=SUM(B6:E13)
セルB6～セルE13の合計を求める

これなら1つのSUM関数だけでOKだね。

SECTION

行ごとに累計を求める

累計って行ごとに数値を足していくんだよね。

1行ずつ足すんだから足し算でよくない？

SUM関数を使うほうがクール！

▶累計を求める

練習用ファイル ▶ 03_07_04.xlsx

累計は、**数値を1つずつ足していく計算**です。下図の例では、売上を月ごとに足していきます。こうすることで現時点までに積み重ねた売上がわかります。

SUM関数の引数には合計したい範囲を指定しますが、累計を求める場合の範囲は、どの行においても「**先頭行から現在の行まで**」になります。これを指定するには、先頭行を絶対参照（63ページ参照）にします。

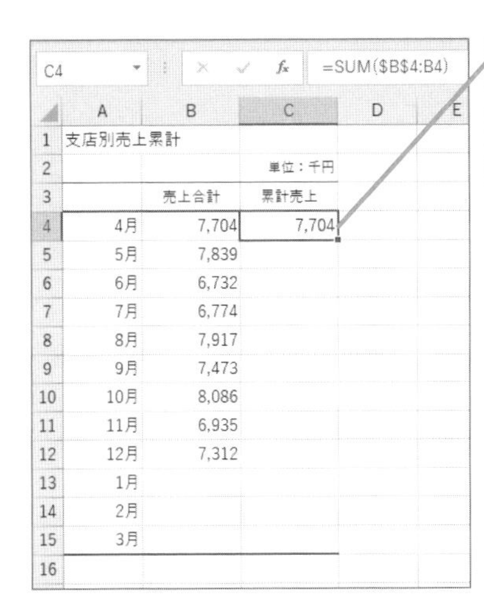

C4 =SUM($B$4:B4)

	A	B	C	D	E
1	支店別売上累計				
2			単位：千円		
3		売上合計	累計売上		
4	4月	7,704	7,704		
5	5月	7,839			
6	6月	6,732			
7	7月	6,774			
8	8月	7,917			
9	9月	7,473			
10	10月	8,086			
11	11月	6,935			
12	12月	7,312			
13	1月				
14	2月				
15	3月				
16					

=SUM($B$4:B4)

先頭のセルB4（固定）から現在の行のセルまでの合計を求める

範囲の先頭だけ絶対参照にするのか。

前ページのSUM関数式「=SUM($B$4:B4)」を入力しすべての行にコピーすると、下図のようにコピー先の式の範囲が変化します。どの行も**「先頭行から現在の行まで」**が範囲となっています。

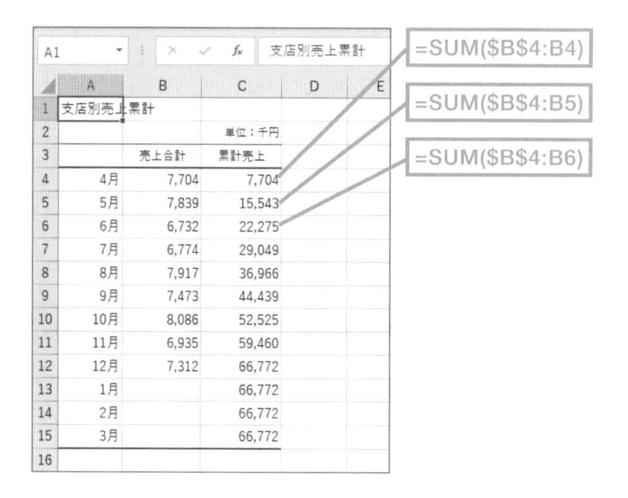

A1 支店別売上累計

	A	B	C	D	E
1	支店別売上累計				
2			単位：千円		
3		売上合計	累計売上		
4	4月	7,704	7,704		
5	5月	7,839	15,543		
6	6月	6,732	22,275		
7	7月	6,774	29,049		
8	8月	7,917	36,966		
9	9月	7,473	44,439		
10	10月	8,086	52,525		
11	11月	6,935	59,460		
12	12月	7,312	66,772		
13	1月		66,772		
14	2月		66,772		
15	3月		66,772		
16					

セルC4のSUM関数の引数は「セルB4〜セルB4」ってことだよね？　範囲にしなくてもよくない？

あえて範囲にすることで式のコピーが可能になるんだよ。

SECTION
5 別々のシートの表を合計する

可愛くん、別々のシートにある表を合計してっていわれたんだけど。どうすれば……？

シートが違うときってセルの参照どうするんだろう？

▶別シートのセルの計算　練習用ファイル▶03_07_05.xlsx

シートが異なるセルであっても関数の入力に問題はありません。引数を指定するとき、**シートを切り替えてセルをクリックします**。そうするとセルに自動的にシート名が追加されます。ここでは、「売上集計」シートに「売上４月」シートの数値（セルB4～E4）を合計するSUM関数を入力します。

●合計したい表「売上4月」シート

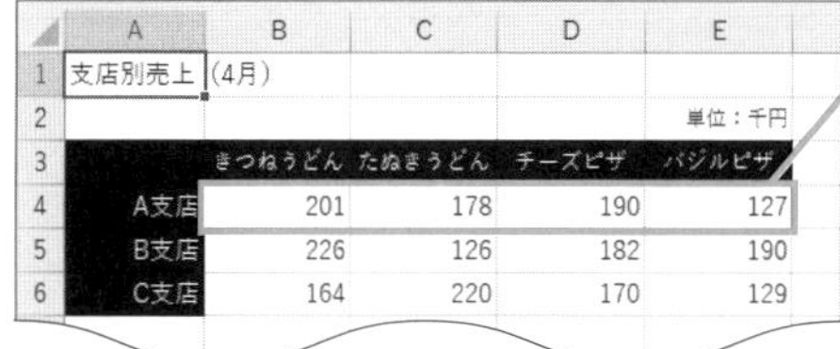

	A	B	C	D	E
1	支店別売上（4月）				
2					単位：千円
3		きつねうどん	たぬきうどん	チーズピザ	バジルピザ
4	A支店	201	178	190	127
5	B支店	226	126	182	190
6	C支店	164	220	170	129
24					

売上4月　売上5月　売上6月　売上集計

「売上４月」シートのB4からE4を合計する

●合計結果を表示する表「売上集計」シート

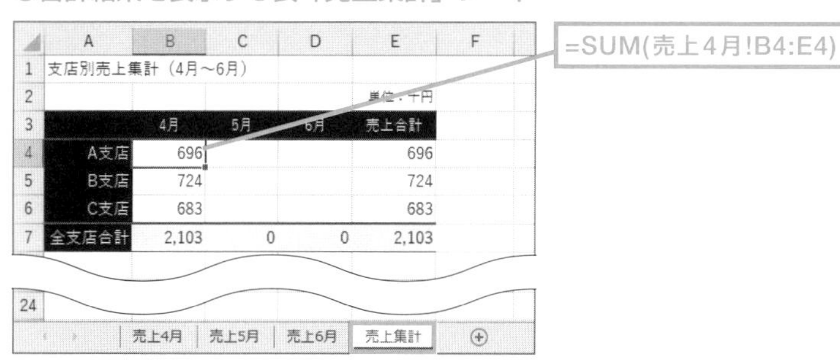

	A	B	C	D	E	F
1	支店別売上集計（4月～6月）					
2					単位：千円	
3		4月	5月	6月	売上合計	
4	A支店	696			696	
5	B支店	724			724	
6	C支店	683			683	
7	全支店合計	2,103	0	0	2,103	
24						

売上4月　売上5月　売上6月　売上集計

=SUM(売上４月!B4:E4)

第3章 よく使われる関数から覚えよう

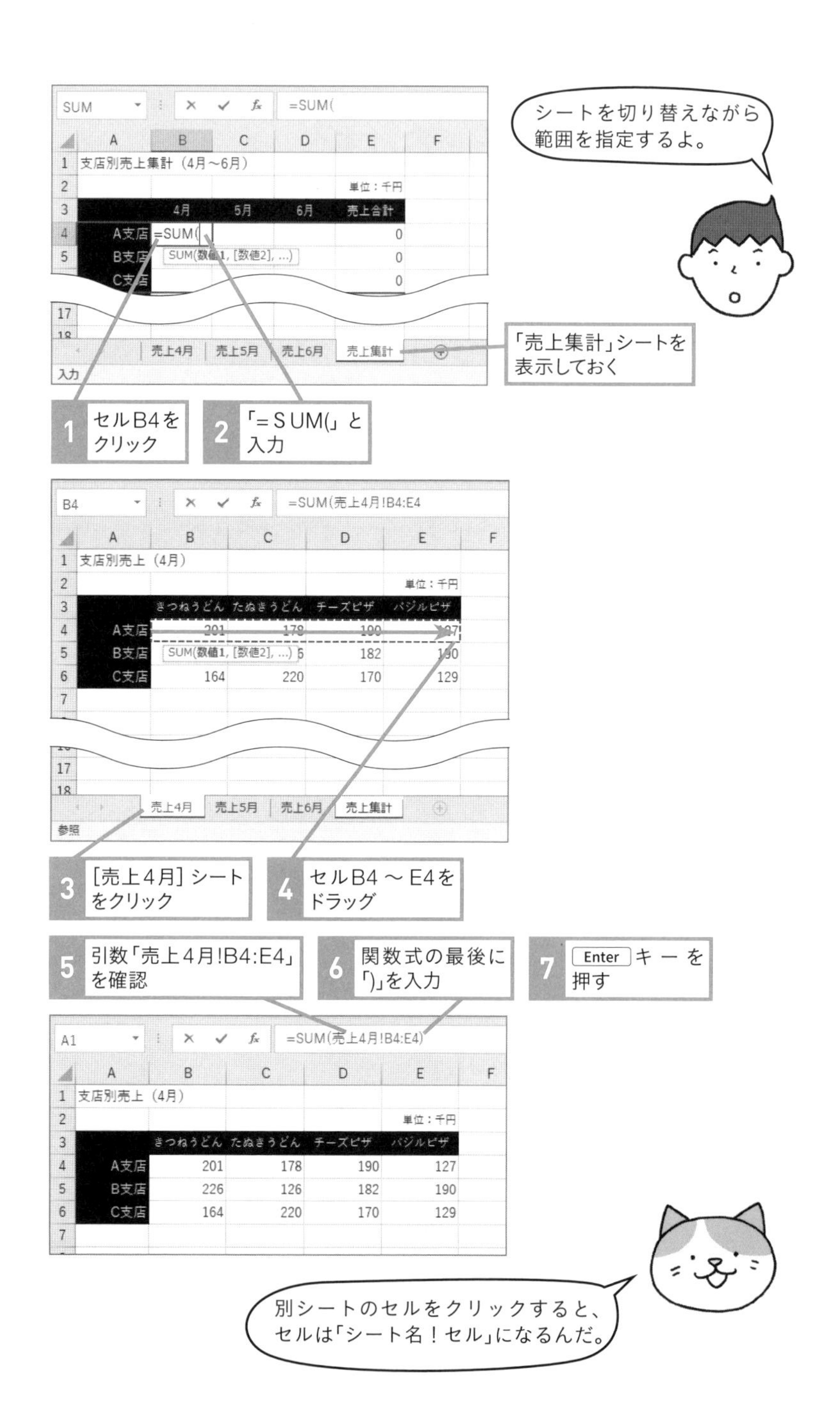

シートを切り替えながら範囲を指定するよ。
SUM
=SUM(
支店別売上集計（4月～6月）
単位：千円
4月 5月 6月 売上合計
A支店 =SUM(
B支店 SUM(数値1, [数値2], ...)
C支店
売上4月 売上5月 売上6月 売上集計
入力
「売上集計」シートを表示しておく
1 セルB4をクリック
2 「=SUM(」と入力
B4
=SUM(売上4月!B4:E4
支店別売上（4月）
単位：千円
きつねうどん たぬきうどん チーズピザ バジルピザ
A支店 201 178 190 127
B支店 SUM(数値1, [数値2], ...) 182 190
C支店 164 220 170 129
売上4月 売上5月 売上6月 売上集計
参照
3 [売上4月] シートをクリック
4 セルB4～E4をドラッグ
5 引数「売上4月!B4:E4」を確認
6 関数式の最後に「)」を入力
7 Enter キーを押す
A1
=SUM(売上4月!B4:E4)
支店別売上（4月）
単位：千円
きつねうどん たぬきうどん チーズピザ バジルピザ
A支店 201 178 190 127
B支店 226 126 182 190
C支店 164 220 170 129
別シートのセルをクリックすると、セルは「シート名！セル」になるんだ。

▶3D集計（串刺し集計）

練習用ファイル ▶ 03_07_06.xlsx

複数のシートに同じレイアウトの表がある場合、表を重ねて**串刺しするように同じ位置のセルを集計**することができます。ここでは、4月～6月の表を合計してみましょう。

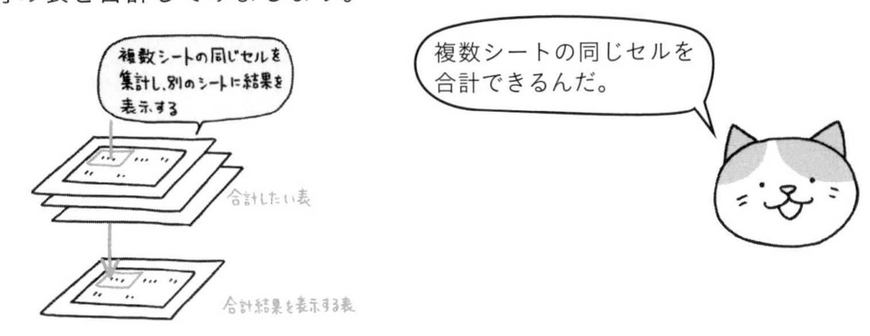

複数シートの同じセルを集計し、別のシートに結果を表示する
合計したい表
合計結果を表示する表
複数シートの同じセルを合計できるんだ。

●合計したい表「集計表4月」～「集計表6月」シート

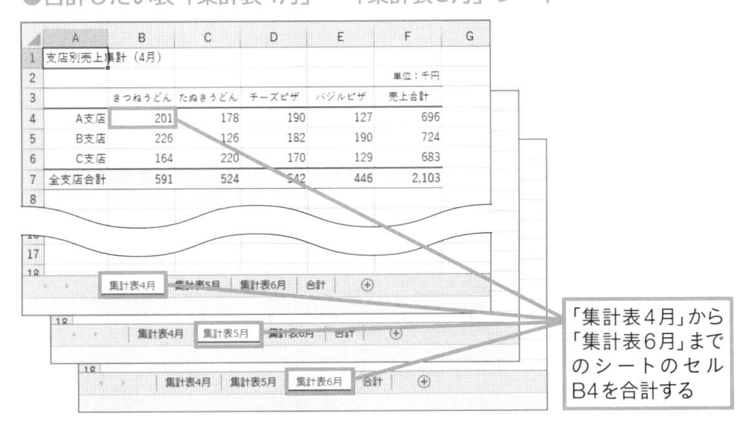

●合計結果を表示する表「合計」シート

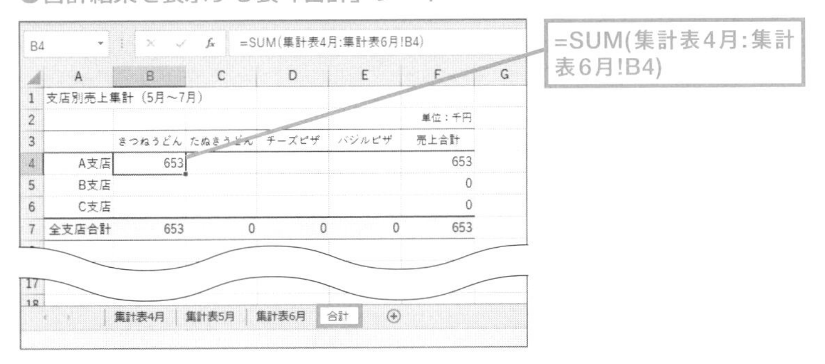

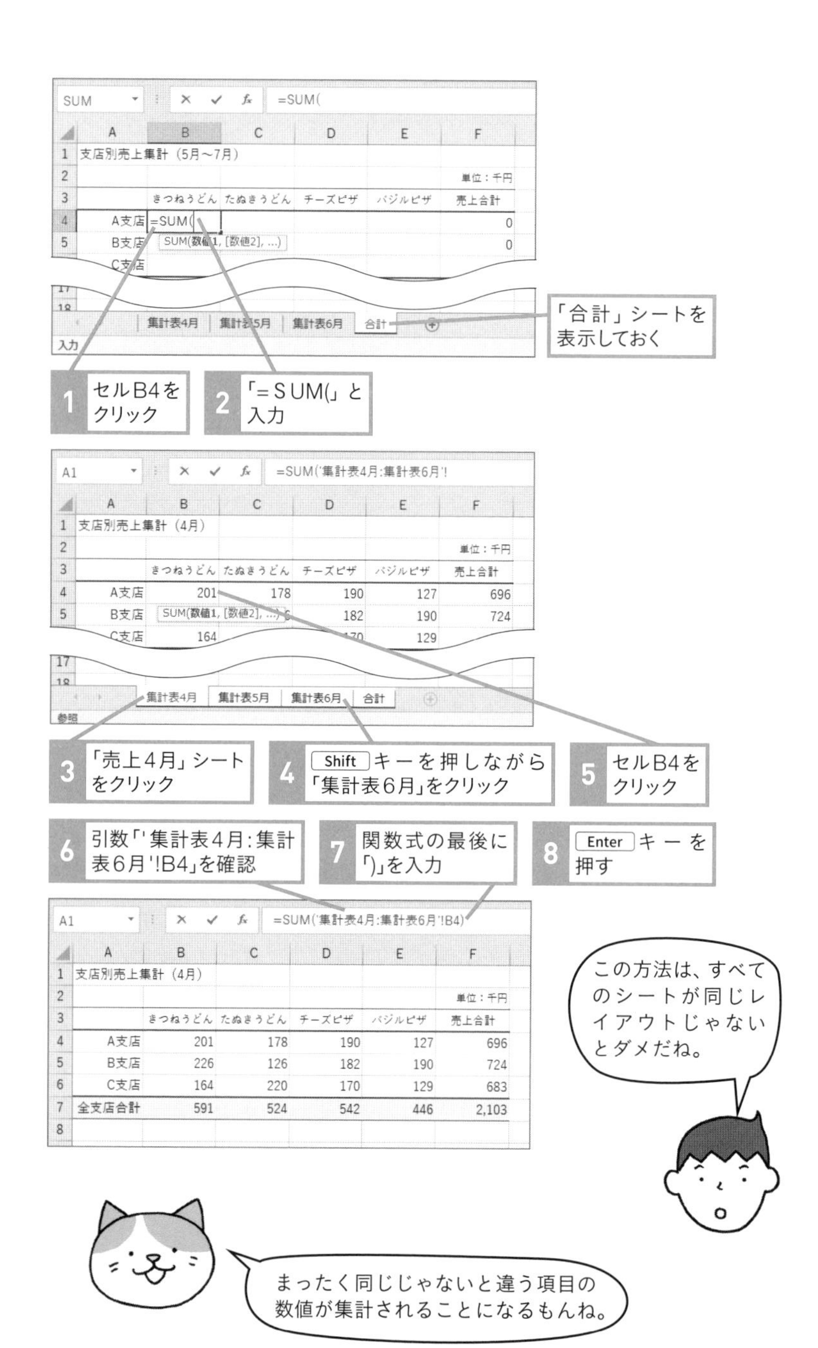
SUM
=SUM(
A B C D E F
1 支店別売上集計（5月～7月）
2 単位：千円
3 きつねうどん たぬきうどん チーズピザ バジルピザ 売上合計
4 A支店 =SUM(0
5 B支店 SUM(数値1, [数値2], ...) 0
C支店
集計表4月 集計表5月 集計表6月 合計
入力
「合計」シートを表示しておく
1 セルB4をクリック
2 「=SUM(」と入力
A1
=SUM('集計表4月:集計表6月'!
1 支店別売上集計（4月）
2 単位：千円
3 きつねうどん たぬきうどん チーズピザ バジルピザ 売上合計
4 A支店 201 178 190 127 696
5 B支店 SUM(数値1, [数値2], ...) 182 190 724
C支店 164 129
集計表4月 集計表5月 集計表6月 合計
参照
3 「売上4月」シートをクリック
4 Shift キーを押しながら「集計表6月」をクリック
5 セルB4をクリック
6 引数「'集計表4月:集計表6月'!B4」を確認
7 関数式の最後に「)」を入力
8 Enter キーを押す
A1
=SUM('集計表4月:集計表6月'!B4)
1 支店別売上集計（4月）
2 単位：千円
3 きつねうどん たぬきうどん チーズピザ バジルピザ 売上合計
4 A支店 201 178 190 127 696
5 B支店 226 126 182 190 724
6 C支店 164 220 170 129 683
7 全支店合計 591 524 542 446 2,103
この方法は、すべてのシートが同じレイアウトじゃないとダメだね。
まったく同じじゃないと違う項目の数値が集計されることになるもんね。

合計の答え合わせをするには

引数が複雑になると、正しく指定できているか不安になることがあります。そんなときは、**ステータスバーで簡単に答え合わせ**してみましょう。たとえば、SUM関数の引数にした数値のセルを範囲指定します。するとステータスバーに合計や平均などが表示されます。この合計を見てSUM関数の引数に間違いがないかを確認することができます。

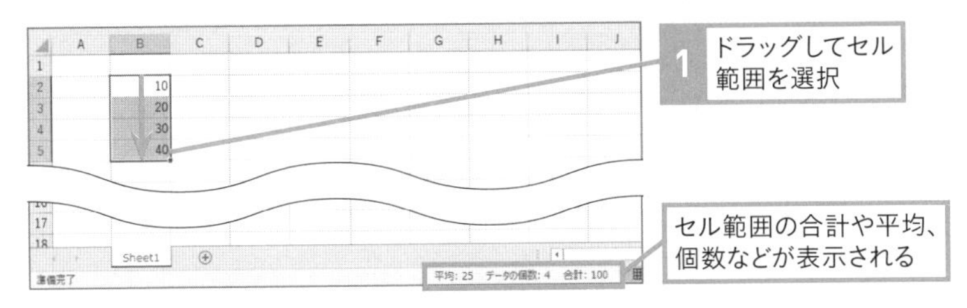

ステータスバーに表示するものは、ステータスバーを右クリックして変更することができます。

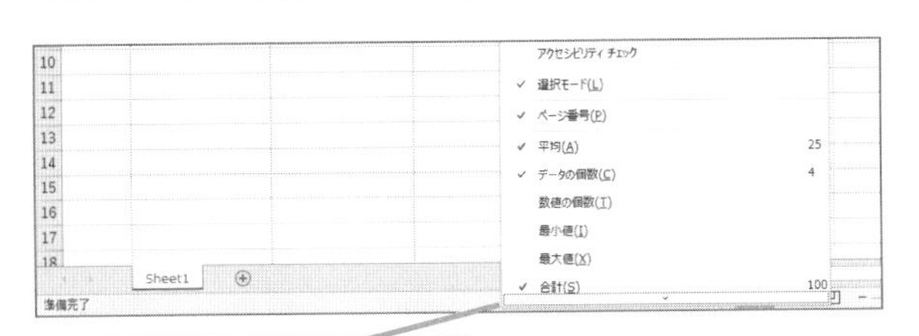

6 【チャレンジ】関数を入力して表を完成しよう③

▶チャレンジ1

支店別部門別売上集計の表を完成させましょう。グレーの部分をすべて埋めます。合計する数値に間違いがないようSUM関数を入力します。

BEFORE

	A	B	C	D	E	F	G	H
1	支店別部門別売上集計（5月）							
2								単位：千円
3		きつねうどん	たぬきうどん	うどん部門合計	チーズピザ	バジルピザ	ピザ部門合計	売上合計
4	A支店	201	178		190	127		
5	B支店	226	126		182	190		
6	C支店	164	220		170	129		
7	関東地区合計							
8	D支店	190	198		208	211		
9	E支店	228	226		161	178		
10	中部地区合計							
11	F支店	198	234		290	220		
12	G支店	201	234		245	273		
13	H支店	181	239		202	216		
14	関西地区合計							
15	全支店合計							
16								

↓

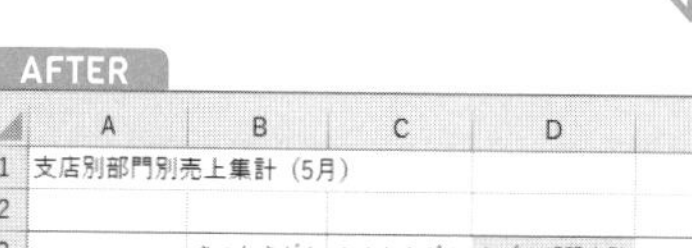

AFTER

	A	B	C	D	E	F	G	H
1	支店別部門別売上集計（5月）							
2								単位：千円
3		きつねうどん	たぬきうどん	うどん部門合計	チーズピザ	バジルピザ	ピザ部門合計	売上合計
4	A支店	201	178	379	190	127	317	696
5	B支店	226	126	352	182	190	372	724
6	C支店	164	220	384	170	129	299	683
7	関東地区合計	591	524	1,115	542	446	988	2,103
8	D支店	190	198	388	208	211	419	807
9	E支店	228	226	454	161	178	339	793
10	中部地区合計	418	424	842	369	389	758	1,600
11	F支店	198	234	432	290	220	510	942
12	G支店	201	234	435	245	273	518	953
13	H支店	181	239	420	202	216	418	838
14	関西地区合計	580	707	1,287	737	709	1,446	2,733
15	全支店合計	1,589	1,655	3,244	1,648	1,544	3,192	6,436
16								

▶チャレンジ2

イベント売上集計の表を完成させましょう。「来場者数」と「売上金額」の累計をそれぞれ求めます。「売上金額累計」には1,000万円を超えると色が付くように条件付き書式が設定してあります。

BEFORE

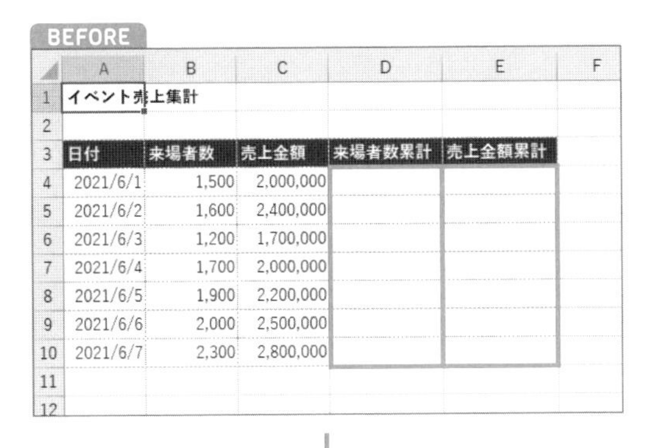

	A	B	C	D	E	F
1	イベント売上集計					
2						
3	日付	来場者数	売上金額	来場者数累計	売上金額累計	
4	2021/6/1	1,500	2,000,000			
5	2021/6/2	1,600	2,400,000			
6	2021/6/3	1,200	1,700,000			
7	2021/6/4	1,700	2,000,000			
8	2021/6/5	1,900	2,200,000			
9	2021/6/6	2,000	2,500,000			
10	2021/6/7	2,300	2,800,000			
11						
12						

↓

AFTER

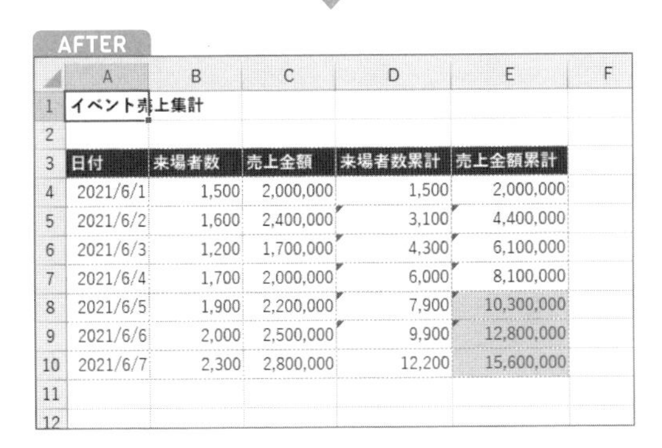

	A	B	C	D	E	F
1	イベント売上集計					
2						
3	日付	来場者数	売上金額	来場者数累計	売上金額累計	
4	2021/6/1	1,500	2,000,000	1,500	2,000,000	
5	2021/6/2	1,600	2,400,000	3,100	4,400,000	
6	2021/6/3	1,200	1,700,000	4,300	6,100,000	
7	2021/6/4	1,700	2,000,000	6,000	8,100,000	
8	2021/6/5	1,900	2,200,000	7,900	10,300,000	
9	2021/6/6	2,000	2,500,000	9,900	12,800,000	
10	2021/6/7	2,300	2,800,000	12,200	15,600,000	
11						
12						

▶チャレンジ1解答

部門合計、売上合計、地区合計、全支店合計のそれぞれにSUM関数を入力します。表のレイアウトをよく確認しましょう。たとえば、「うどん部門合計」は「きつねうどん」「たぬきうどん」の金額を合計します。「売上合計」と「全支店合計」は小計の合計を表示します。

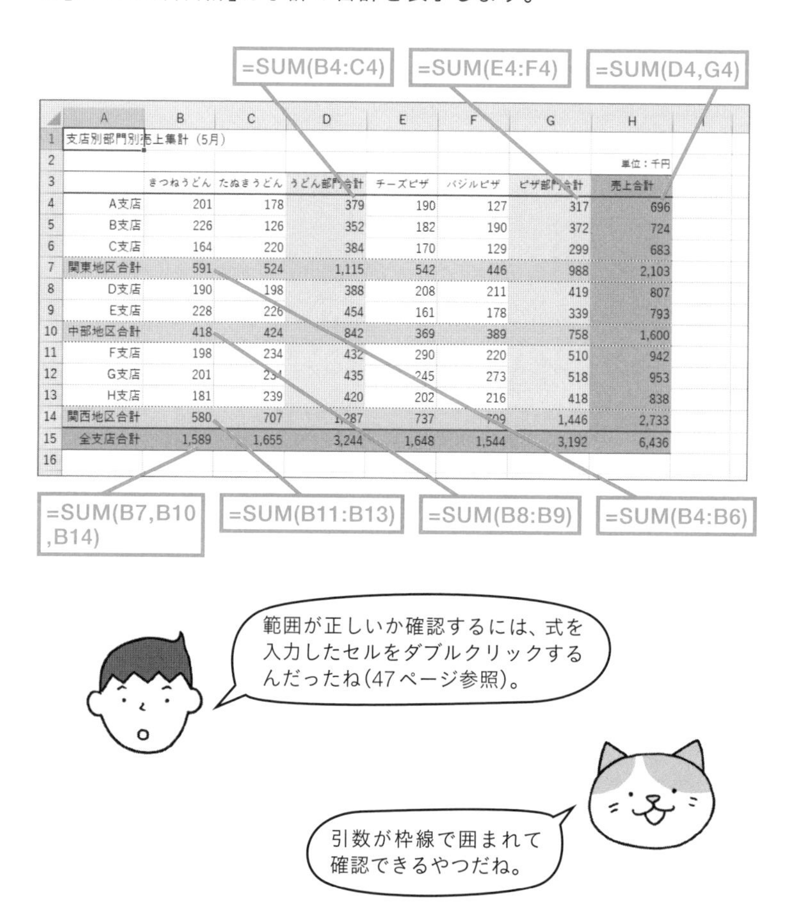

	A	B	C	D	E	F	G	H
1	支店別部門別売上集計（5月）							
2								単位：千円
3		きつねうどん	たぬきうどん	うどん部門合計	チーズピザ	バジルピザ	ピザ部門合計	売上合計
4	A支店	201	178	379	190	127	317	696
5	B支店	226	126	352	182	190	372	724
6	C支店	164	220	384	170	129	299	683
7	関東地区合計	591	524	1,115	542	446	988	2,103
8	D支店	190	198	388	208	211	419	807
9	E支店	228	226	454	161	178	339	793
10	中部地区合計	418	424	842	369	389	758	1,600
11	F支店	198	234	432	290	220	510	942
12	G支店	201	234	435	245	273	518	953
13	H支店	181	239	420	202	216	418	838
14	関西地区合計	580	707	1,287	737	709	1,446	2,733
15	全支店合計	1,589	1,655	3,244	1,648	1,544	3,192	6,436
16								

▶チャレンジ2解答

それぞれにSUM関数を入力して累計を求めます。累計の引数は、行ごとに「先頭行から現在の行」となるように指定しますが、あとで式をコピーしたときずれないように「先頭行」のセルを絶対参照にします。
式をコピーするとコピー先のセルにインジケーター（セルの左上角のマーク）が表示されます。これは、それぞれの式の範囲が異なるために出る警告です。このままでもかまいません。消したい場合は、セルをクリックし、表示される「！」をクリックして「エラーを無視する」を選択します。

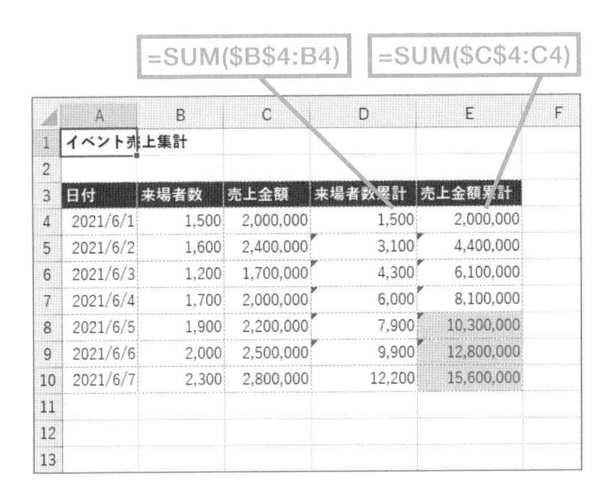

	A	B	C	D	E	F
1	イベント売上集計					
2						
3	日付	来場者数	売上金額	来場者数累計	売上金額累計	
4	2021/6/1	1,500	2,000,000	1,500	2,000,000	
5	2021/6/2	1,600	2,400,000	3,100	4,400,000	
6	2021/6/3	1,200	1,700,000	4,300	6,100,000	
7	2021/6/4	1,700	2,000,000	6,000	8,100,000	
8	2021/6/5	1,900	2,200,000	7,900	10,300,000	
9	2021/6/6	2,000	2,500,000	9,900	12,800,000	
10	2021/6/7	2,300	2,800,000	12,200	15,600,000	
11						
12						
13						

このLESSONのポイント

- 小計の合計は、SUM関数の引数を「,」で区切る
- 縦横の総合計は、SUM関数の引数に「縦横の範囲」を指定する
- 累計は、SUM関数の引数に「先頭行（絶対参照）から現在の行までの範囲」を指定する
- シート間の合計は、SUM関数の引数に「シート名の付いたセルや範囲」を指定する

LESSON 08

数のカウント

数を数えるCOUNT関数を使い分けよう

可愛くん、この集計表の支店の数なんかおかしい。「0」になるんだけど、なんで？

COUNT関数使ったの？　支店名はCOUNT関数じゃ数えられないよ。

個数を数える関数ってほかにもあるの？

SECTION

1 数を数える関数には種類がある

個数を数える関数は、COUNT(カウント)関数のほかにCOUNTA(カウントエー)関数、COUNTBLANK(カウントブランク)関数があります。**COUNT関数は数値データを数える**関数ですが、**COUNTA関数はデータの種類に関係なく数えます。COUNTBLANK関数は空白セルを数えます。**何を数えるかによって使い分ける必要があります。

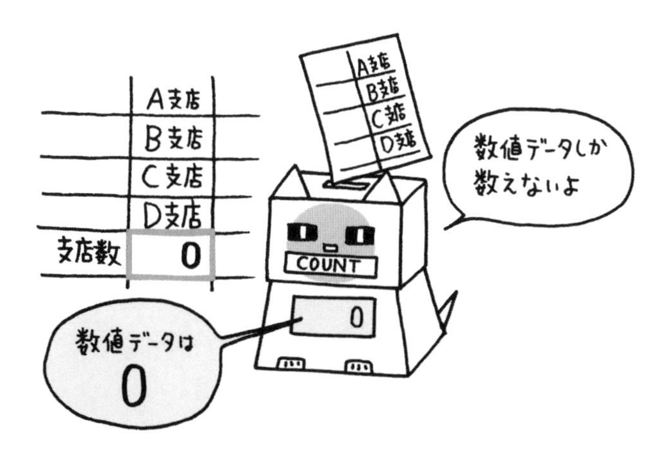

SECTION

2 データの種類に関係なく数える

数値も文字も関係なくデータ数えたいんだけど。

COUNT関数と似た関数でCOUNTA関数っていうのがあるよ。これかな？

▶すべてのデータを数える関数

練習用ファイル ▶ 03_08_01.xlsx

COUNTA関数は、空白以外のすべてのデータを数える関数です。すべてのデータとは、**数値**、**日付時刻**、**文字**、**論理値（TRUE/FALSE）**、**エラー**です。

B14　=COUNTA(B4:B11)

	A	B	C	D	E	F
1	支店別売上集計（4月）					
2					単位：千円	
3		きつねうどん	たぬきうどん	チーズピザ	バジルピザ	
4	A支店	201	178	190	127	
5	B支店	226	126	182	190	
6	C支店	－	－	170	129	
7	D支店	190	198	208	－	
8	E支店	228	－	161	－	
9	F支店	198	234	290	220	
10	G支店	201	234	245	－	
11	H支店(改装中)					
12	売上合計	1,244	970	1,446	666	
13						
14	支店数	7	7	7	7	
15	取扱店数	6	5	7	4	
16	非取扱店数	1	2	0	3	
17	対象外	1	1	1	1	

=COUNTA(B4:B11)

セルB4～セルB11のすべてのデータを数える

COUNTAのAは「ALL」ってことで覚えよう！

書式　空白以外のデータの個数を数える

=COUNTA(数値1, 数値2, ･･･ 数値255)
（カウントエー）

●引数

数値：数えたいセル。255個まで指定可能。セル範囲でもOK

SECTION

3 文字データだけ数えるには

数値を数えるCOUNT関数でしょ、空白以外を数えるCOUNTA関数でしょ、で、文字データを数える関数は？

それがね、探してもないんだよね。どうなんだろう？

▶文字データの数は計算して求める　練習用ファイル ▶ 03_08_01.xlsx

文字データのみの個数を数える関数はありません。そこで工夫してみましょう。例では、列にある文字データ（ここでは「—」）の数を求めます。まずCOUNTA関数で空白を除く、数値と文字の個数を数えます。そこから数値の数を引いて文字の個数を求めます。

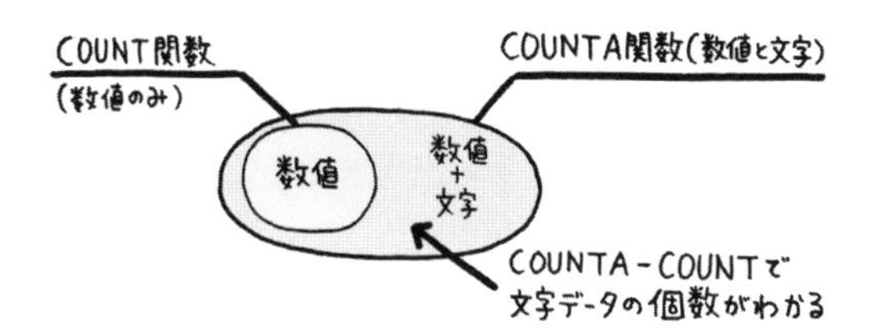

B16　=COUNTA(B4:B11)-COUNT(B4:B11)

	A	B	C	D	E	F
1	支店別売上集計（4月）					
2					単位：千円	
3		きつねうどん	たぬきうどん	チーズピザ	バジルピザ	
4	A支店	201	178	190	127	
5	B支店	226	126	182	190	
6	C支店	—	—	170	129	
7	D支店	190	198	208	—	
8	E支店	228	—	161	—	
9	F支店	198	234	290	220	
10	G支店	201	234	245	—	
11	H支店(改装中)					
12	売上合計	1,244	970	1,446	666	
13						
14	支店数	7	7	7	7	
15	取扱店数	6	5	7	4	
16	非取扱店数	1	2	0	3	
17	対象外	1	1	1	1	

=COUNTA(B4:B11)-COUNT(B4:B11)

COUNTA関数とCOUNT関数を別々に入力しなくても、直接引き算の式にすればいいんだ！

SECTION

4 空白セルの数を数える

この表の空白セルはどういうこと？　まさか入力漏れ？

空白セルは営業してないことを表しているんだよ。空白なら計算の対象にならないからあえて空白にしてるんだ。

▶空白セルの個数を数える

練習用ファイル ▶ 03_08_01.xlsx

データを集計する表に空白セルを含む場合、空白が何を意味するか明確にする必要があります。ここでは、計算の対象外にするためにあえて空白にしています。営業していないことを表す空白のセルを**COUNTBLANK関数**で数えてみましょう。

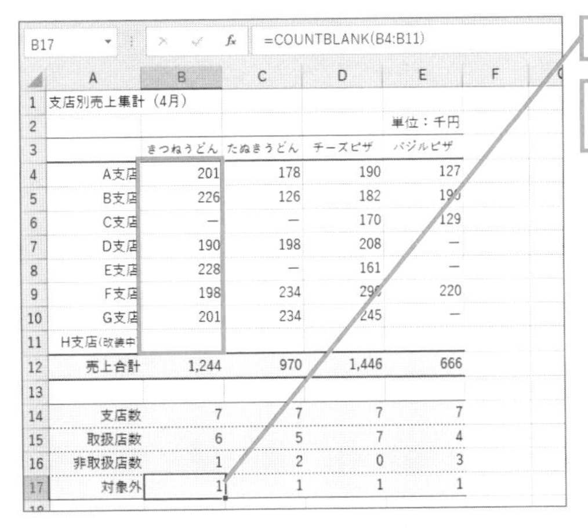

B17　=COUNTBLANK(B4:B11)

	A	B	C	D	E
1	支店別売上集計（4月）				
2					単位：千円
3		きつねうどん	たぬきうどん	チーズピザ	バジルピザ
4	A支店	201	178	190	127
5	B支店	226	126	182	190
6	C支店	–	–	170	129
7	D支店	190	198	208	–
8	E支店	228	–	161	–
9	F支店	198	234	290	220
10	G支店	201	234	245	–
11	H支店(改装中				
12	売上合計	1,244	970	1,446	666
13					
14	支店数	7	7	7	7
15	取扱店数	6	5	7	4
16	非取扱店数	1	2	0	3
17	対象外	1	1	1	1

=COUNTBLANK(B4:B11)
セルB4～セルB11の
空白セルを数える

書式　空白以外のデータの個数を数える

=COUNTBLANK(範囲)（カウントブランク）

●引数

範囲：空白の個数を知りたいセル範囲

STEP UP!

空白を入力したセルについて

Spaceキーを使って空白を入力したセルは、文字データとして扱われます。空白を入力したセルと何も入力していない空白セルは、見かけ上の区別がつかないため注意が必要です。

	A	B	C	D	E	F
1	支店別売上集計（4月）					
2					単位：千円	
3		きつねうどん	たぬきうどん	チーズピザ	バジルピザ	
4	A支店	201	178	190	127	
5	B支店	226	126	182	190	
6	C支店	−	−	170	129	
7	D支店	190	198	208	−	
8	E支店	228	−	161	−	
9	F支店	198	234	290	220	
10	G支店	201	234	245	−	
11	H支店(改装中)					
12	売上合計	1,244	970	1,446	666	
13						
14	支店数	8	7	7	7	
15	取扱店数	6	5	7	4	
16	非取扱店数	2	2	0	3	
17	対象外	0	1	1	1	

Spaceキーで空白を入力したセルは、COUNTBLANK関数では数えられない

Spaceキーで空白を入力するのはNGだね。空白じゃなくて文字になるからね。

どこのセルに入力したかもわからなくなるしね。

Excelが認識するデータの種類

COUNT関数やCOUNTA関数を使ってみるとわかる通り、Excelはセルのデータが数値か文字かを区別して認識しています。そのことをふまえてデータを入力しなくてはなりません。データの種類をよくある例で確認しておきましょう。

●データの種類の例

データ	種類	注意
¥1,000	数値	通貨記号は入力しても無視される
0001	文字	先頭に「0」が付く数値は文字としてしか入力できない
03-1234-9999	文字	「-」は文字として扱われる
2021/6/1	数値（日付）	「年/月/日」の形式は日付として認識される
令和3年6月1日	数値（日付）	和暦で入力した日付は自動的に「西暦年/月/日」に変換される
2021-6-1	文字	「-」で区切った年月日は日付データとして認められない
9:00	数値（時刻）	「時:分」「時:分:秒」の形式は時刻として認識される
9時00分	数値（時刻）	「時」「分」の形式は時刻として認識される

5 【チャレンジ】いろいろなものを数えてみよう

▶チャレンジ1

商品価格表の「商品数」を表示しましょう。ここでは「商品名」の個数を数えて商品数とします。

BEFORE

	A	B	C	D	E	F
1	商品価格表			作成日	2012/5/1	
2	商品数			有効期限	2012/5/31	
3						
4	分類	商品名	単価	消費税率	税込価格	
5	食品	チョコレート	100	8%	108	
6	食品	クッキー	150	8%	162	
7	食品	キャンディ	160	8%	173	
8	食品	グミ	180	8%	194	
9	食品	ガム	110	8%	119	
10	酒類	ビール	500	10%	550	
11	酒類	ワイン	700	10%	770	
12	酒類	日本酒	400	10%	440	
13						

AFTER

	A	B	C	D	E	F
1	商品価格表			作成日	2012/5/1	
2	商品数	8		有効期限	2012/5/31	
3						
4	分類	商品名	単価	消費税率	税込価格	
5	食品	チョコレート	100	8%	108	
6	食品	クッキー	150	8%	162	
7	食品	キャンディ	160	8%	173	
8	食品	グミ	180	8%	194	
9	食品	ガム	110	8%	119	
10	酒類	ビール	500	10%	550	
11	酒類	ワイン	700	10%	770	
12	酒類	日本酒	400	10%	440	
13						

▶チャレンジ2

日付、時刻は数値データとして扱うことができます。期間の日数、出勤日数、休暇日数をカウントしてみましょう。

BEFORE

	A	B	C	D	E	F	G	H
1		勤務表			開始日	終了日	日数	
2		猫山たまお		期間	2021/6/15	2021/6/24		
3								
4						出勤日数		
5						休暇日数		
6								
7		日付	曜日	出勤時刻	退勤時刻	休憩時間	勤務時間	
8		2021/6/15	火	9:00	17:00	1:00	7:00	
9		2021/6/16	水	11:00	18:00	1:00	6:00	
10		2021/6/17	木	10:00	18:00	1:00	7:00	
11		2021/6/18	金				0:00	
12		2021/6/19	土	9:00	17:00	1:00	7:00	
13		2021/6/20	日	10:00	18:00	1:00	7:00	
14		2021/6/21	月				0:00	
15		2021/6/22	火	10:00	18:00	1:00	7:00	
16		2021/6/23	水	9:00	17:00	1:00	7:00	
17		2021/6/24	木	11:00	18:00	1:00	6:00	

↓

AFTER

	A	B	C	D	E	F	G	H
1		勤務表			開始日	終了日	日数	
2		猫山たまお		期間	2021/6/15	2021/6/24	10	
3								
4						出勤日数	8	
5						休暇日数	2	
6								
7		日付	曜日	出勤時刻	退勤時刻	休憩時間	勤務時間	
8		2021/6/15	火	9:00	17:00	1:00	7:00	
9		2021/6/16	水	11:00	18:00	1:00	6:00	
10		2021/6/17	木	10:00	18:00	1:00	7:00	
11		2021/6/18	金				0:00	
12		2021/6/19	土	9:00	17:00	1:00	7:00	
13		2021/6/20	日	10:00	18:00	1:00	7:00	
14		2021/6/21	月				0:00	
15		2021/6/22	火	10:00	18:00	1:00	7:00	
16		2021/6/23	水	9:00	17:00	1:00	7:00	
17		2021/6/24	木	11:00	18:00	1:00	6:00	

▶チャレンジ1解答

「商品名」はどれも文字データです。文字を数えることができるのは、すべてのデータを数えるCOUNTA関数です。商品名のデータの範囲を引数に指定します。

=COUNTA(B5:B12)

B2　=COUNTA(B5:B12)

	A	B	C	D	E	F
1	商品価格表			作成日	2012/5/1	
2	商品数	8		有効期限	2012/5/31	
3						
4	分類	商品名	単価	消費税率	税込価格	
5	食品	チョコレート	100	8%	108	
6	食品	クッキー	150	8%	162	
7	食品	キャンディ	160	8%	173	
8	食品	グミ	180	8%	194	
9	食品	ガム	110	8%	119	
10	酒類	ビール	500	10%	550	
11	酒類	ワイン	700	10%	770	
12	酒類	日本酒	400	10%	440	
13						

商品数を調べるならCOUNT関数でもできるね。
え、だめだよ。商品名は文字なんだからCOUNT関数じゃ数えてくれないよ。
商品名じゃなくて単価の数字を数えても商品数になるじゃない！
そういうことか！

▶チャレンジ2解答

ここでは、どのデータを数えるのかがポイントです。期間の「日数」は、「日付」のデータを数えます。「出勤日数」は「出勤時刻」のデータを数えます。「休暇日数」は「出勤時刻」の空白を数えます。

	A	B	C	D	E	F	G	H
1		勤務表			開始日	終了日	日数	
2		猫山たまお		期間	2021/6/15	2021/6/24	10	
3								
4						出勤日数	8	
5						休暇日数	2	
6								
7		日付	曜日	出勤時刻	退勤時刻	休憩時間	勤務時間	
8		2021/6/15	火	9:00	17:00	1:00	7:00	
9		2021/6/16	水	11:00	18:00	1:00	6:00	
10		2021/6/17	木	10:00	18:00	1:00	7:00	
11		2021/6/18	金				0:00	
12		2021/6/19	土	9:00	17:00	1:00	7:00	
13		2021/6/20	日	10:00	18:00	1:00	7:00	
14		2021/6/21	月				0:00	
15		2021/6/22	火	10:00	18:00	1:00	7:00	
16		2021/6/23	水	9:00	17:00	1:00	7:00	
17		2021/6/24	木	11:00	18:00	1:00	6:00	

=COUNT(B8:B17)

=COUNT(D8:D17)

=COUNTBLANK(D8:D17)

このLESSONのポイント

- データの種類によって個数を数える関数を使い分けよう
- 数値や日付はCOUNT関数で数える
- 数値、文字、日付などすべてのデータはCOUNTA関数で数える
- 空白のセルはCOUNTBLANK関数で数える

EPILOGUE

いろんな関数を見てきたけどパンクしそう！　関数ありすぎ！

表と関数を結びつけてみると、けっこう頭の中が整理できるよ。

どういうこと？

ここまで見てきた表って、売上金額なんかの集計表、数値を評価する表、これはつまりランキング表ね。あとは伝票系。このどれかにあてはまるんだよね。

集計表、ランキング表、伝票。たしかに。

その表で何がしたいかを考えればいいんだよ。集計表なら合計、カウント。ランキング表なら順位。伝票は日付、端数処理。ていうふうにね。

えー、そんな簡単にここまでのことまとめちゃう？

逆に関数ごとに頭に入れるほうが難しいよ。表の作成に何が必要かを考えていくと、関数が頭に浮かんでくる。

いやいや、そこまでは。でも関数を見る前に表を見ろってことだよね。さっすが可愛くん！　もしかしてデキルやつなの？

第4章

IFを含む関数を使いこなそう

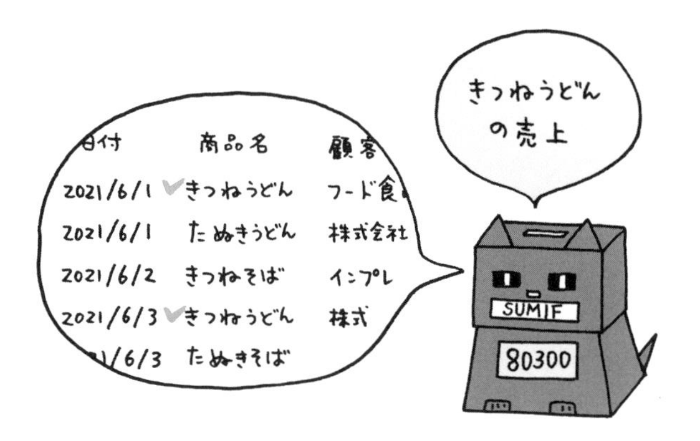

PROLOGUE

関数かなり使えるようになってきたよね。

うんうん。成長した〜。

いいねぇ。ところで、最初に頼んだ仕事覚えてる？

はい。**全商品の売上データから商品別に合計を出す、**ですよね。SUM関数で合計出すとしたら、商品ごとにまとめるのは結局手作業になりますね。……あれ、どうしたらいいんだろう？

よし、じゃあここらへんで「条件」をからめた計算にすすんでみよう。IF関数もそうだけど、「IF」が付く関数の数々だね。

IF？　もし〜なら？

そう。「もし〜なら」ができるようになれば、商品別合計も簡単になるから。

もしぼくたちが成長したなら、ですね。

そこは、「もし」じゃないでしょ！

LESSON 09

IF関数

「もし～なら」のIF関数を理解する

IF関数って、いまひとつよくわからなくて。

たしかに、「もし～なら」って言われてもね。

どんなときに使うんだろう？

SECTION

1 条件に合うか合わないかを判断する

IF関数は、**2つのどちらかの結果を表示**したいときに使います。どちらの結果を表示するのかの判断は、引数の情報からIF関数が自動的にやってくれます。どのように使われているかは、「もし～なら～する、そうでなければ～する」という文章にしてみるとわかりやすいでしょう。

たとえば、
・もし売上が500,000円以上なら、○を表示する。そうでなければ×を表示する
・もし種別が会員なら、金額を20％オフにする。そうでなければ10％オフにする

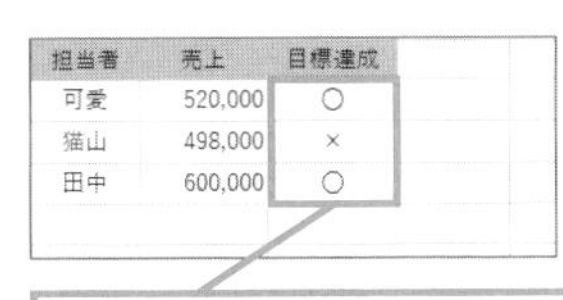

担当者	売上	目標達成
可愛	520,000	○
猫山	498,000	×
田中	600,000	○

500,000以上なら「○」、そうでなければ「×」と表示する

顧客	種別	金額	割引後
猫山たまお	会員	10,000	8,000
可愛しんじ	非会員	10,000	9,000
田中太郎	会員	5,000	4,000

会員なら20％オフ、そうでなければ10％オフにする

▶IF関数の引数

IF関数は、引数に［論理式］［値が真の場合］［値が偽の場合］の3つを指定しますが、前ページの文章にあてはめると「もし〜なら」、「〜する」、「そうでなければ〜する」の3つです。下図のIF関数は「もし売上が500,000円以上なら、〇を表示する。そうでなければ×を表示する」ものです。これを3つの引数に分解して式にすると「**もし売上が500,000円以上なら**」は「**売上>=500000**」、「**〇を表示する**」は「**"〇"**」、「**そうでなければ×を表示する**」は「**"×"**」。これらをIF関数の引数として指定します。

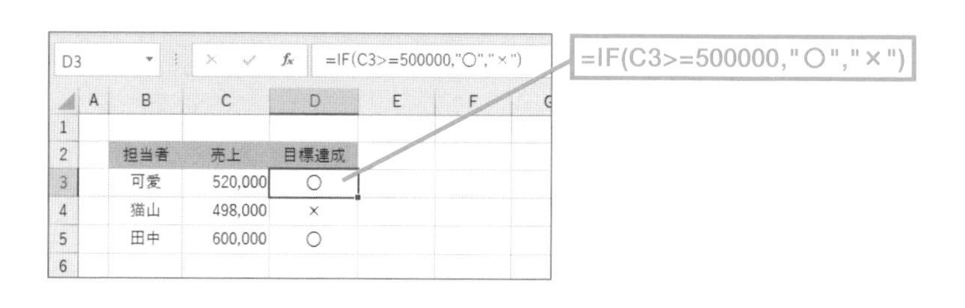

	A	B	C	D	E	F
1						
2		担当者	売上	目標達成		
3		可愛	520,000	〇		
4		猫山	498,000	×		
5		田中	600,000	〇		
6						

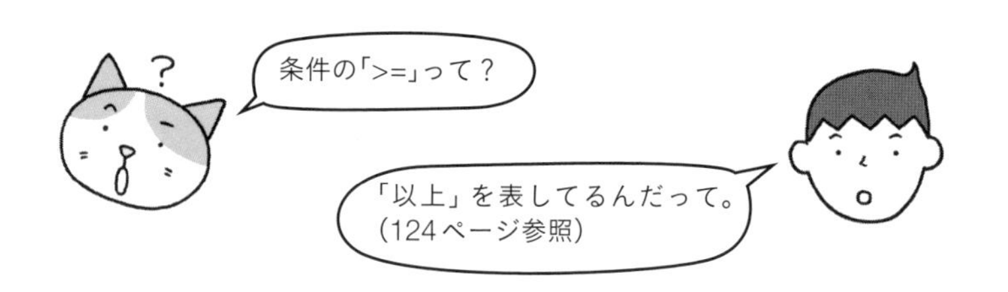

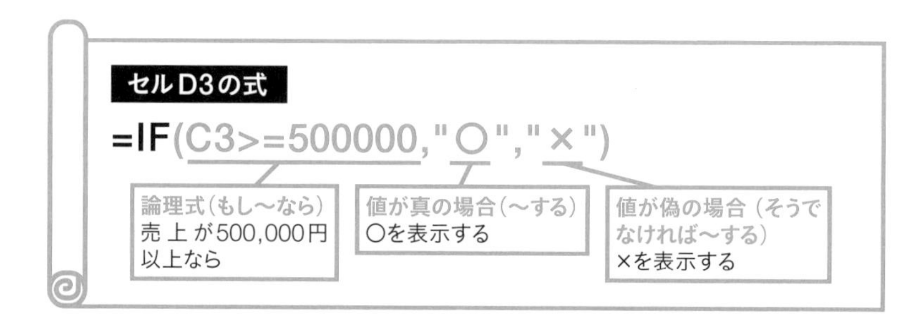

書式 論理式(条件)により2つのどちらかの処理を行う

=IF(論理式,値が真の場合,値が偽の場合)

（IFのルビ：イフ）

●引数

論理式：「もし～なら」の条件

値が真の場合：論理式（条件）に合う場合に実行する処理を指定

値が偽の場合：論理式（条件）に合わない場合に実行する処理を指定

STEP UP!

論理式を理解しよう

論理式は、正しいか（TRUE）、正しくないか（FALSE）を判断します。答えは「TRUE」か「FALSE」のどちらかです。IF関数の場合、答えが「TRUE」のとき引数[真の場合の処理]を実行し、「FALSE」のとき引数［偽の場合の処理］を実行します。なお、論理式は式ですから先頭に「=」を付ければ単独でセルに入力することができます（下図参照）。

（ルビ：TRUE＝トゥルー、FALSE＝フォールス）

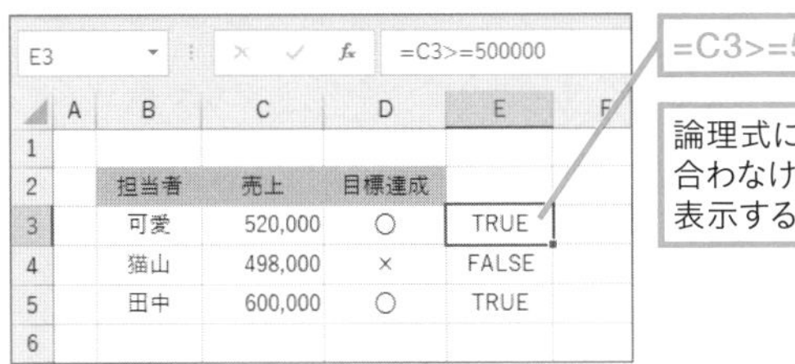

	A	B	C	D	E
1					
2		担当者	売上	目標達成	
3		可愛	520,000	○	TRUE
4		猫山	498,000	×	FALSE
5		田中	600,000	○	TRUE
6					

論理式に合えば「TRUE」、合わなければ「FALSE」と表示する

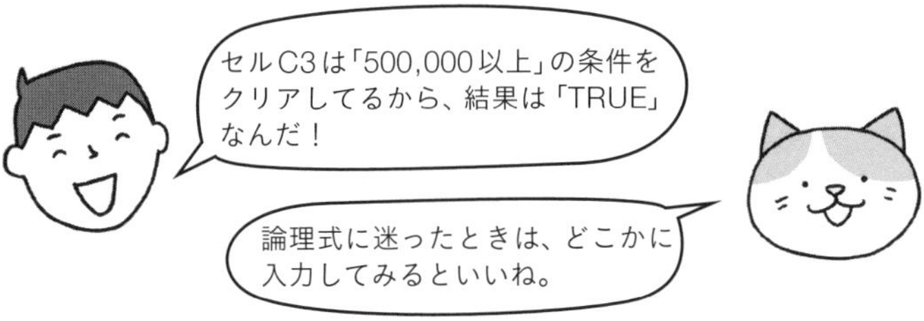

セルC3は「500,000以上」の条件をクリアしてるから、結果は「TRUE」なんだ！

論理式に迷ったときは、どこかに入力してみるといいね。

SECTION

2 引数「論理式」の書き方

IF関数の条件って、自分で考えるんだよね。

そうだよ。ちょっと自信ないな。なんかルールないのかな。

▶論理式の書き方

IF関数の引数「論理式」には、「もし～なら」という条件を式にします。この式には「**2つの要素を比較演算子でつなぐ」という書き方のルール**があります。要素とは、セルや数値、文字などのデータです。これらの要素を比較演算子（=など）でつなぎます。たとえば「A1=100」は「A1が100なら」という条件を表します。

比較演算子の記号は決まっているので間違えないようにしましょう。

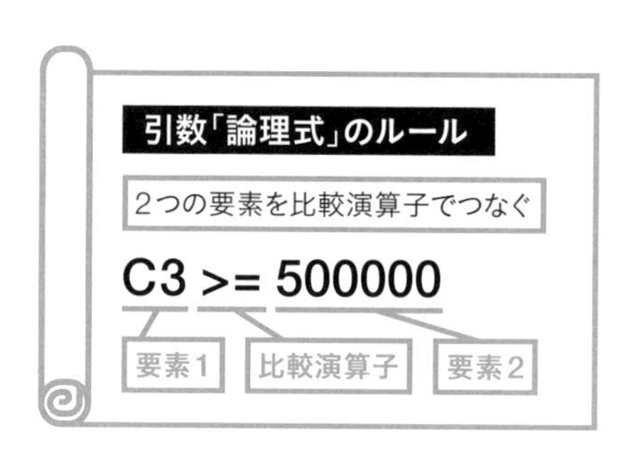

C3 >= 500000

●論理式に使う比較演算子

比較演算子	意味
=	等しい
>	より大きい
<	より小さい
>=	以上
<=	以下
<>	等しくない

以上「>=」や以下「<=」の記号の組合せは、この順番じゃないとダメなんだって。

「=」は必ずあとに付くんだね。了解！

SECTION

3 IF関数を使ってみよう

SUM関数なんかは、引数はどれかを考えるだけでよかったけど、IF関数って頭を使ってる感じしない?

うん。頭がごちゃごちゃしてくるー。

だよね。入力するときに混乱しそう。

▶IF関数の入力

練習用ファイル ▶ 04_09_01.xlsx

IF関数式の入力は**ダイアログボックスが手助け**になります。入力方法を確認しておきましょう。ここでは、「もし種別が会員なら、金額を20%オフにする。そうでなければ10%オフにする」というIF関数を例に入力してみます。

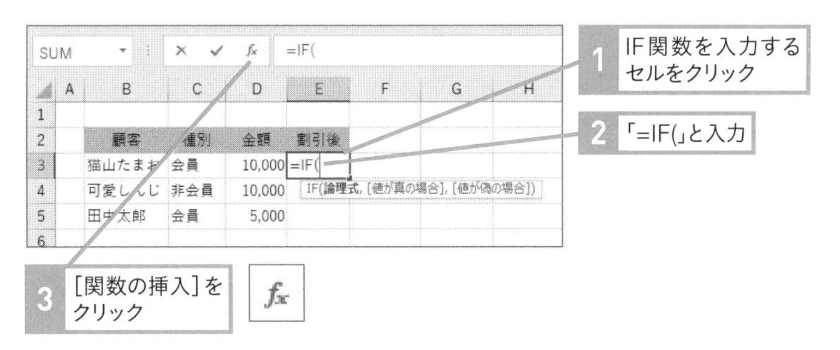

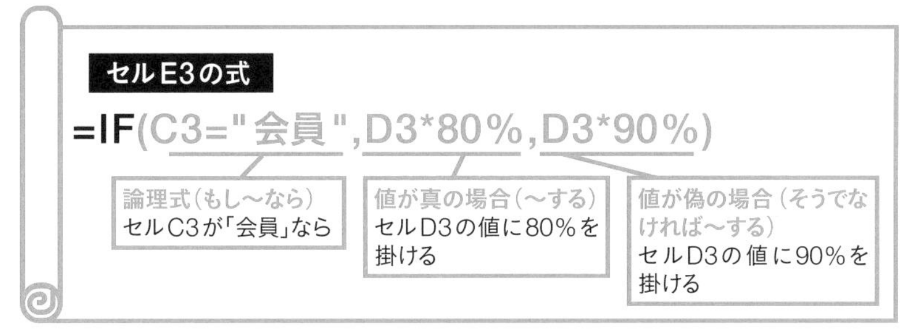

セルE3の式
=IF(C3="会員",D3*80%,D3*90%)
論理式(もし〜なら) セルC3が「会員」なら
値が真の場合(〜する) セルD3の値に80%を掛ける
値が偽の場合(そうでなければ〜する) セルD3の値に90%を掛ける

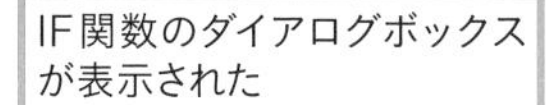

IF関数のダイアログボックス
が表示された

4 [論理式]に「C3="会員"」と入力

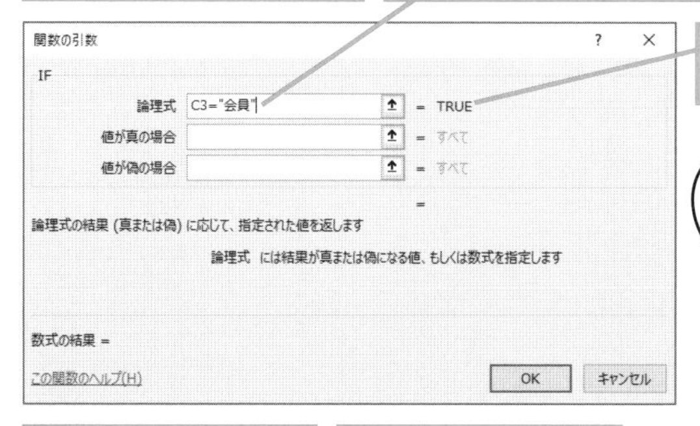

入力した論理式の結果が表示される

「会員」は文字列なので「""」でくくるのがポイントだよ。

5 [値が真の場合]に「D3*80%」と入力

6 [値が偽の場合]に「D3*90%」と入力

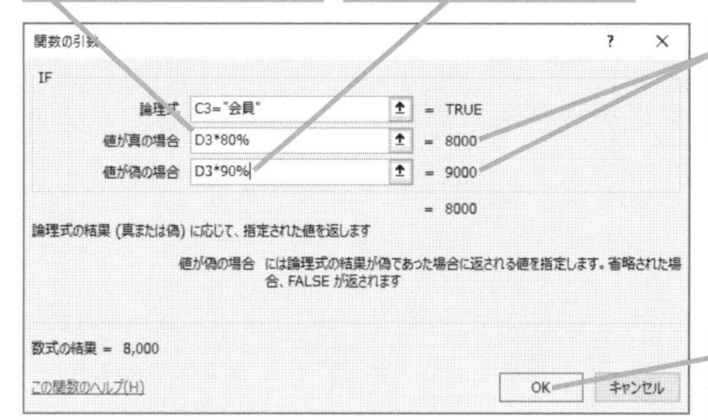

条件が合う場合と合わない場合の処理の結果が表示される

7 [OK]をクリック

式の入力途中なのに、どういう結果になるか見せてくれるんだ。

間違いないか確認しながら式を作ることができるね。

=IF(C3="会員",D3*80%,D3*90%)

E3 =IF(C3="会員",D3*80%,D3*90%)

	A	B	C	D	E	F	G	H
1								
2		顧客	種別	金額	割引後			
3		猫山たまお	会員	10,000	8,000			
4		可愛しんじ	非会員	10,000				
5		田中太郎	会員	5,000				
6								

セルにIF関数の結果が表示された

SECTION 4

IF関数のよくある使い方

可愛くん、請求書にIF関数があるんだけど……。

どれどれ？　なにこれ？　「"」だらけ。

でしょ？　意味わかんないよ。

▶エラー処理に使われるIF関数　練習用ファイル ▶ 04_09_02.xlsx

IF関数は、いろいろな場面で使われますが、中でも**よく目にするのがエラーや0の処理**です。下図の例では、金額に単価×数量の式が入力してありますが、単価、金額が未入力、つまり空白の場合、金額が「0」になってしまいます。この「0」は不要なのでIF関数で空白にします。

BEFORE

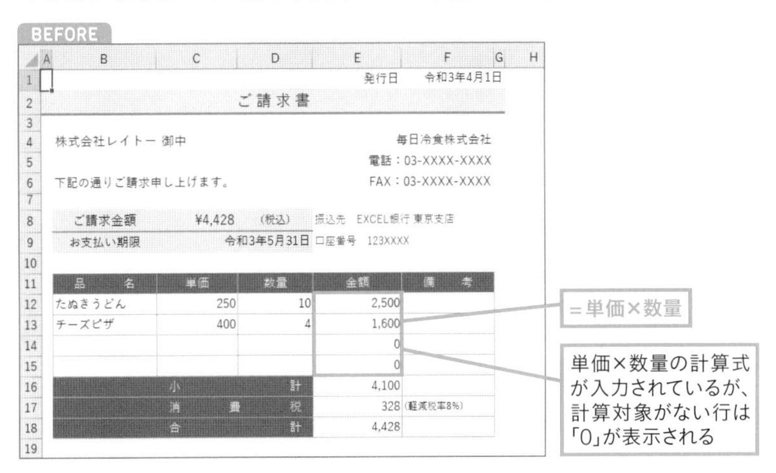

	A	B	C	D	E	F	G	H
1					発行日	令和3年4月1日		
2				ご請求書				
3								
4		株式会社レイトー 御中				毎日冷食株式会社		
5						電話：03-XXXX-XXXX		
6		下記の通りご請求申し上げます。				FAX：03-XXXX-XXXX		
7								
8		ご請求金額	¥4,428	(税込)	振込先　EXCEL銀行 東京支店			
9		お支払い期限		令和3年5月31日	口座番号　123XXXX			
10								
11		品　名	単価	数量	金額	備　考		
12		たぬきうどん	250	10	2,500			
13		チーズピザ	400	4	1,600			
14					0			
15					0			
16			小　計		4,100			
17			消費税		328	(軽減税率8%)		
18			合　計		4,428			
19								

=単価×数量
単価×数量の計算式が入力されているが、計算対象がない行は「0」が表示される

確かに「0」が表示されたままだとちょっとかっこ悪いかも。でも、空白にするって、どうしたらいいんだろう？

ここでは、金額に「もし品名が空白なら、空白を表示する、そうでなければ単価×数量の計算をする」というIF関数を入力します。
空白は「""」で表すことができるので「もし品名が空白なら」の条件は「品名=""」という式になります。「空白を表示する」のは、ただ「""」と指定すればOKです。

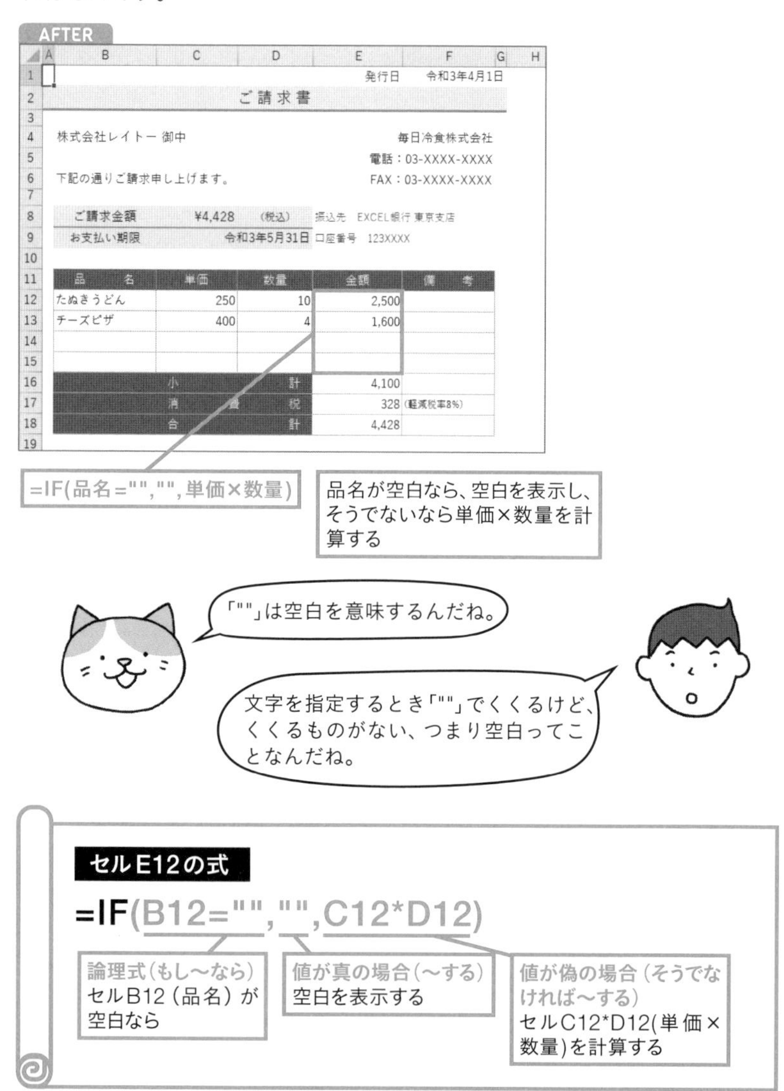

練習用ファイル ▶ 04_09_STEPUP.xlsx

IF関数に複数の条件を指定するには

IF関数の条件を複数指定する場合、**複数の論理式をANDやORでまとめます。**ANDやORも関数です。AND関数はすべての条件を満たすとき、OR関数はいずれかの条件を満たすときTRUEになります。下図の例では「年齢が20代」に○を表示していますが、20代は「20歳以上」と「30歳未満」の2つのどちらも満たす必要があるので、2つをAND関数でまとめてIF関数に指定しています。

=IF(AND(C3>=20,C3<30),"○","")

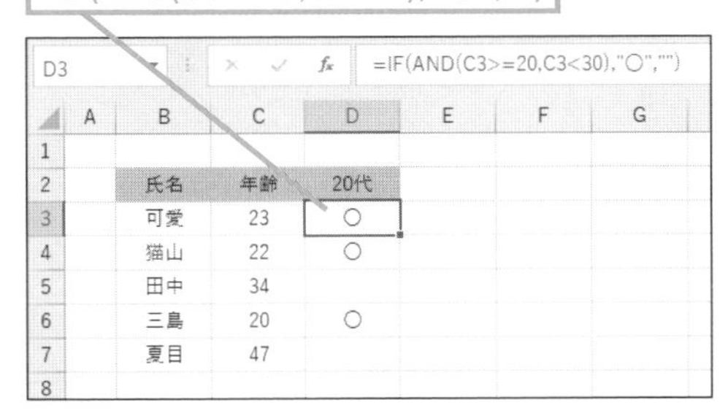

IF関数の論理式にANDでまとめた複数の条件「AND(C3>=20, C3<30)」を指定する

書式 すべての論理式(条件)を満たすときTRUEになる

=AND(論理式1, 論理式2, ･･･ 論理式255)

●引数

論理式：条件となる式。式は「,」で区切り複数指定する

書式 いずれかの論理式(条件)を満たすときTRUEになる

=OR(論理式1, 論理式2, ･･･ 論理式255)

●引数

論理式：条件となる式。式は「,」で区切り複数指定する

5 【チャレンジ】IF関数を入力しよう

▶チャレンジ1

売上が「目標金額」として入力されている金額に達している場合に「達成」を表示しましょう。目標金額に達していない場合は、何も表示しません。

BEFORE

	A	B	C	D	E
1					
2			目標金額	500,000	
3					
4		担当者	売上	目標達成	
5		可愛	520,000		
6		猫山	498,000		
7		田中	600,000		
8		三島	500,000		
9		夏目	490,000		
10					

AFTER

	A	B	C	D	E
1					
2			目標金額	500,000	
3					
4		担当者	売上	目標達成	
5		可愛	520,000	達成	
6		猫山	498,000		
7		田中	600,000	達成	
8		三島	500,000	達成	
9		夏目	490,000		
10					

▶チャレンジ2

「種別」により異なる「割引率」を表示します。種別が「会員」なら割引率は10%、種別が会員以外なら割引率は0%と表示します。ここでは、種別が「会員以外」をIF関数の条件にしてみましょう。

BEFORE

	A	B	C	D	E	F	G
1							
2		顧客	種別	金額	割引率	割引後	
3		猫山たまお	会員	10,000		10,000	
4		可愛しんじ	非会員	10,000		10,000	
5		田中太郎	会員	5,000		5,000	
6		春山桜子		15,000		15,000	
7		南健次郎	スタッフ	8,000		8,000	
8							
9							

↓

AFTER

	A	B	C	D	E	F	G
1							
2		顧客	種別	金額	割引率	割引後	
3		猫山たまお	会員	10,000	10%	9,000	
4		可愛しんじ	非会員	10,000	0%	10,000	
5		田中太郎	会員	5,000	10%	4,500	
6		春山桜子		15,000	0%	15,000	
7		南健次郎	スタッフ	8,000	0%	8,000	
8							
9							

▶チャレンジ1解答

ここで入力するIF関数は、「売上が目標金額(セルD2)以上なら、「達成」を表示する、そうでなければ空白を表示する」というものです。

引数[論理式]には、「売上>=D2」を指定しますが、入力した式をあとでコピーすることを考えて、「D2」はコピーしてもずれることのない絶対参照にします。

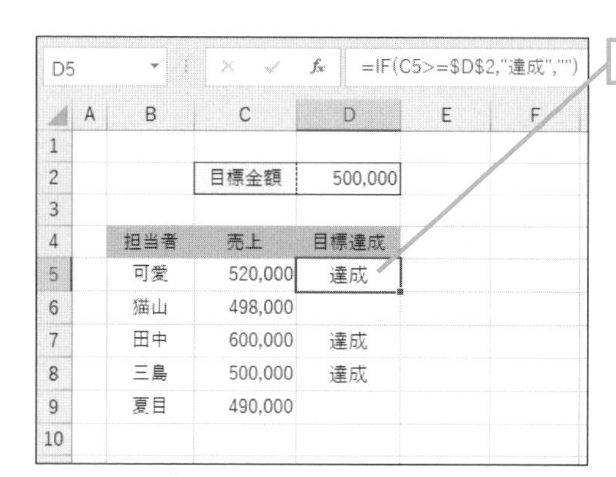

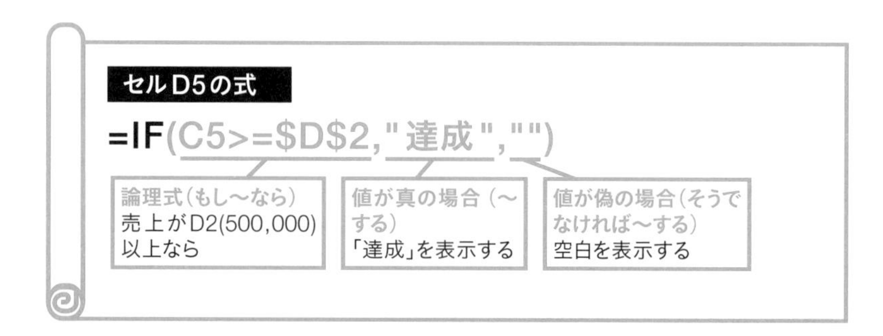

セルD5の式
=IF(C5>=$D$2,"達成","")
論理式(もし〜なら)
売上がD2(500,000)以上なら
値が真の場合(〜する)
「達成」を表示する
値が偽の場合(そうでなければ〜する)
空白を表示する

▶チャレンジ2解答

この表のIF関数は以下の2通りが考えられます。

①もし種別が会員なら、「10%」を表示する、そうでなければ「0%」を表示する
②もし種別が会員以外なら、「0%」を表示する、そうでなければ「10%」を表示する

ここでは、②の条件でIF関数を入力します。「～以外」を表す比較演算子「<>」を使うのがポイントです。
なお、「10%」や「0%」の表示は、引数にそのまま「10%」「0%」と指定します。文字を表示する場合は「""」でくくる必要がありますが、「10%」や「0%」は数値なので必要ありません。

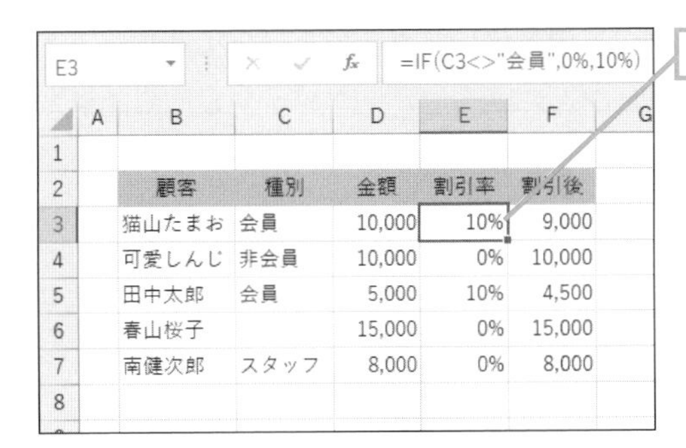
E3 =IF(C3<>"会員",0%,10%)

	A	B	C	D	E	F
1						
2		顧客	種別	金額	割引率	割引後
3		猫山たまお	会員	10,000	10%	9,000
4		可愛しんじ	非会員	10,000	0%	10,000
5		田中太郎	会員	5,000	10%	4,500
6		春山桜子		15,000	0%	15,000
7		南健次郎	スタッフ	8,000	0%	8,000
8						

=IF(C3<>"会員",0%,10%)

このLESSONのポイント

- 条件によって2つのどちらかの結果を表示する場合はIF関数
- IF関数を文章にしてみよう「もし～なら、～する、そうでなければ～する」
- 引数[論理式]は「A1=100」のように要素と要素を演算子（=などの記号）でつなぐ

LESSON 10

「IF」が付く関数

「もし～なら～する」のIFが付く関数で集計する

次もIF関数かな？

「IF」が付くってことは、IF関数とは別物だよ。どこが違うんだろう。

SECTION

1 「IF」が付く関数とは

データの集計に使うSUM関数やCOUNT関数は、指定した範囲の数値を無条件に集計しますが、**SUMやCOUNTに「IF」が付いたSUMIF（サムイフ）関数やCOUNTIF（カウントイフ）関数は、範囲の中の条件に合うものだけを集計**することができます。条件に合うものだけを自動的にピックアップして合計やカウントしてくれるわけです。

▶「IF」が付く関数の種類

まず分けて認識しておきたいのは、「IF」が付く関数と「IFS」が付く関数です。違いは条件の数。「IF」は1つの条件、「IFS」は複数の条件を設定することができます。**SUMやCOUNTのほかAVERAGEやMAX、MINにも**「IF」が付く関数が用意されています。

●IFが付く関数

集計機能	関数名
合計 条件に合う値を合計する	SUMIF
	SUMIFS
個数を数える 条件に合う値の数を数える	COUNTIF
	COUNTIFS
平均 条件に合う値の平均を求める	AVERAGEIF
	AVERAGEIFS
最大値 条件に合う値の最大値を求める	MAXIFS※
最小値 条件に合う値の最小値を求める	MINIFS※

※Excel 2019以降、Microsoft 365のみで利用可能。MAXIF、MINIFという関数はない

?
複数の条件のときは、IFの複数形でIFSなの？
そうだよ！

SECTION

2 条件に合うデータ件数を数える

まずは「きつねうどん」のデータが何個あるか数えてみよう。

個数を数えるのはCOUNT関数だから、条件付きならCOUNTIF関数だね。

▶特定商品のデータ件数を数える

練習用ファイル ▶ 04_10_01.xlsx

条件に合うデータの件数を数えるにはCOUNTIF関数を使います。ここでは、商品名が「きつねうどん」のデータを数えます。条件となる「きつねうどん」はあらかじめセルB3に入力してあります。

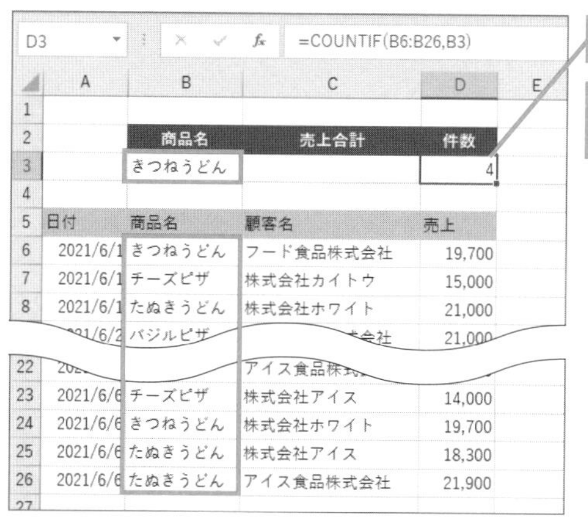

書式 検索条件に合うデータを数える

=COUNTIF(範囲,検索条件)（カウントイフ）

●引数

範囲：データを数えたい範囲

検索条件：数えるデータ。文字列を直接指定する場合は「""」でくくる

答え合わせするには

データ件数が多い場合、目で見て該当するデータを探すのは困難です。簡単に答え合わせしたいときには、「フィルター」機能を使ってみましょう。「フィルター」は、特定のデータを抽出表示する機能です。抽出したあとステータスバーで確認します。

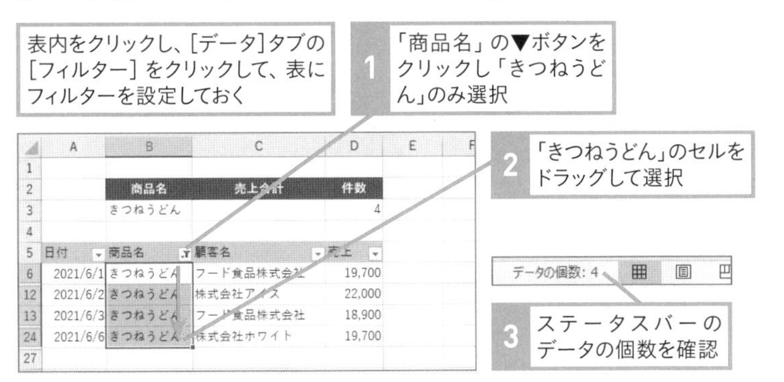

STEP UP!　練習用ファイル ▶ 04_10_STEPUP01.xlsx

COUNTIF関数で重複を探す

COUNTIF関数は、重複データの検索にも利用されます。下図の例は「顧客名」の重複を探していますが、それぞれの行の顧客名が全体の範囲の中に何個あるかをCOUNTIF関数で求めています。結果が2以上なら同じデータが存在するということになります。

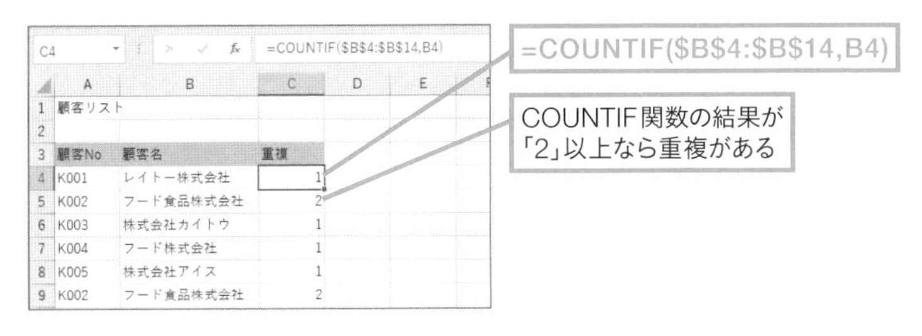

SECTION

3 複数条件に合うデータ件数を数える

次は条件を複数指定することができるCOUNTIFS関数。

複数って「きつねうどん」と「たぬきうどん」の両方を一緒に数えるってことかな？

▶特定の商品と顧客のデータ件数を数える 練習用ファイル ▶ 04_10_02.xlsx

COUNTIFS（カウントイフエス）関数は、複数の条件を指定することができます。**ただし、複数の条件はANDで結ばれる「条件1なおかつ条件2」の設定**になります。商品中の「きつねうどん」と「たぬきうどん」を数えるのは、2つの条件がORで結ばれる「条件1または条件2」となるためできません。

ここでは、商品名が「きつねうどん」、なおかつ、顧客名が「フード食品株式会社」のデータ件数を数えます。

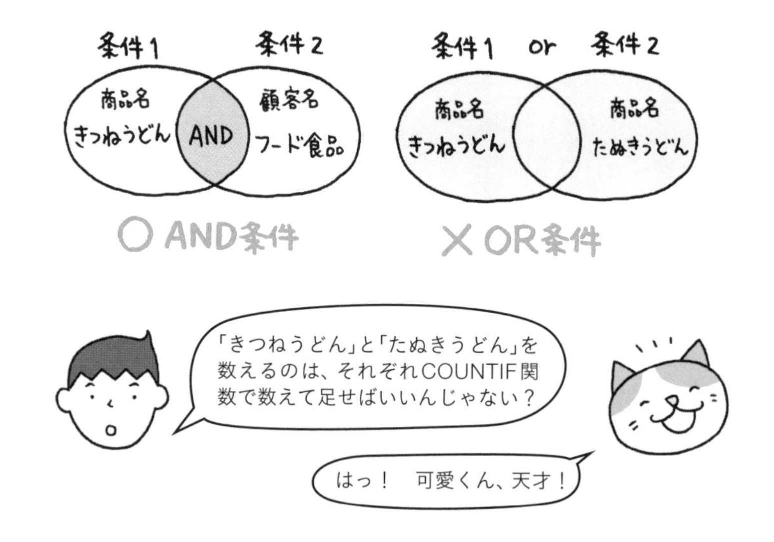

=COUNTIFS(B6:B26,B3,C6:C26,B1)

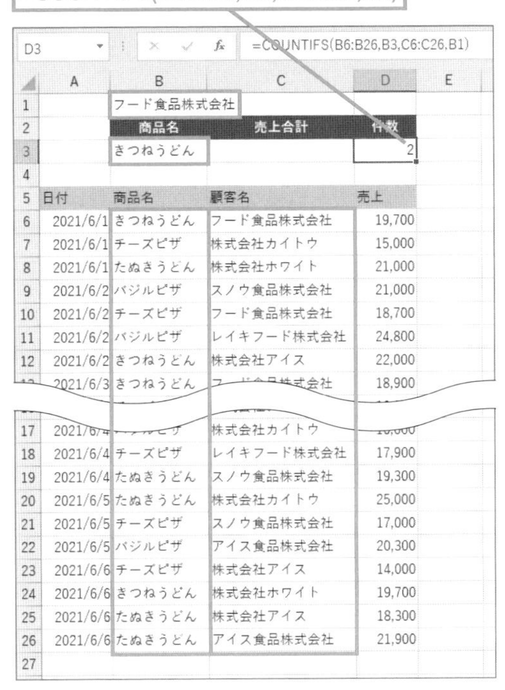

D3 =COUNTIFS(B6:B26,B3,C6:C26,B1)

	A	B	C	D
1		フード食品株式会社		
2		商品名	売上合計	件数
3		きつねうどん		2
4				
5	日付	商品名	顧客名	売上
6	2021/6/1	きつねうどん	フード食品株式会社	19,700
7	2021/6/1	チーズピザ	株式会社カイトウ	15,000
8	2021/6/1	たぬきうどん	株式会社ホワイト	21,000
9	2021/6/2	バジルピザ	スノウ食品株式会社	21,000
10	2021/6/2	チーズピザ	フード食品株式会社	18,700
11	2021/6/2	バジルピザ	レイキフード株式会社	24,800
12	2021/6/2	きつねうどん	株式会社アイス	22,000
13	2021/6/3	きつねうどん	[illegible]株式会社	18,900
17	2021/6/4	[illegible]	株式会社カイトウ	[illegible]
18	2021/6/4	チーズピザ	レイキフード株式会社	17,900
19	2021/6/4	たぬきうどん	スノウ食品株式会社	19,300
20	2021/6/5	たぬきうどん	株式会社カイトウ	25,000
21	2021/6/5	チーズピザ	スノウ食品株式会社	17,000
22	2021/6/5	バジルピザ	アイス食品株式会社	20,300
23	2021/6/6	チーズピザ	株式会社アイス	14,000
24	2021/6/6	きつねうどん	株式会社ホワイト	19,700
25	2021/6/6	たぬきうどん	株式会社アイス	18,300
26	2021/6/6	たぬきうどん	アイス食品株式会社	21,900
27				

商品名がセルB3の「きつねうどん」かつ、顧客名がセルB1の「フード食品株式会社」のデータを数える

書式 複数の検索条件に合うデータを数える

カウントイフエス
=COUNTIFS(検索範囲1, 検索条件1, 検索範囲2, 検索条件2, ･･･)

●引数

検索範囲：データを数えたい範囲。127個まで指定できる

検索条件：数えるデータ。直前の［検索範囲］とセットで指定する

SECTION

4 条件に合うデータの合計を求める

COUNTIF関数のSUM版でしょ。カンタン、カンタン。

でもCOUNTIF関数と引数の数が違ってるよ。同じじゃないみたい。

▶特定商品の売上合計を求める

練習用ファイル ▶ 04_10_03.xlsx

SUMIF関数は、**条件に合うデータの指定した範囲の値を合計**します。SUMIF関数の引数は、条件、条件を探す範囲、合計をする範囲の3つを指定します。ここでは、「きつねうどん」の売上合計を求めますが、条件を探す範囲は「商品名」の列、合計をする範囲は「売上」の列となります。

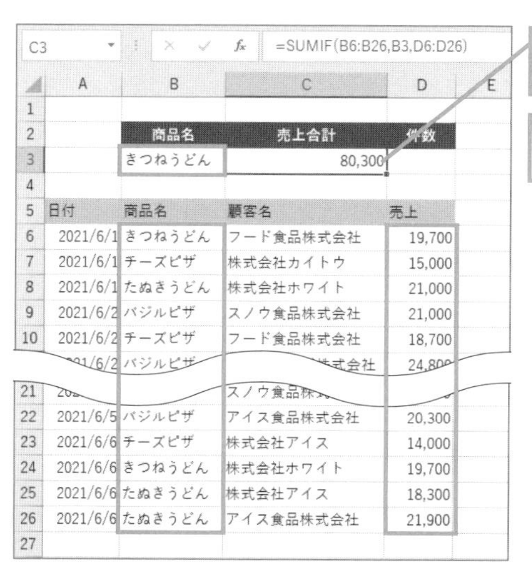

C3 =SUMIF(B6:B26,B3,D6:D26)

	A	B	C	D
2		商品名	売上合計	件数
3		きつねうどん	80,300	
5	日付	商品名	顧客名	売上
6	2021/6/1	きつねうどん	フード食品株式会社	19,700
7	2021/6/1	チーズピザ	株式会社カイトウ	15,000
8	2021/6/1	たぬきうどん	株式会社ホワイト	21,000
9	2021/6/2	バジルピザ	スノウ食品株式会社	21,000
10	2021/6/2	チーズピザ	フード食品株式会社	18,700
22	2021/6/5	バジルピザ	アイス食品株式会社	20,300
23	2021/6/6	チーズピザ	株式会社アイス	14,000
24	2021/6/6	きつねうどん	株式会社ホワイト	19,700
25	2021/6/6	たぬきうどん	株式会社アイス	18,300
26	2021/6/6	たぬきうどん	アイス食品株式会社	21,900

=SUMIF(B6:B26,B3,D6:D26)

商品名がセルB3の「きつねうどん」の売上を合計する

課長に頼まれた商品別の集計はこれでばっちりだね。

うんうん。1つの関数式だけでパパッとできるね。

書式 検索条件に合うデータの合計を求める

サムイフ
=SUMIF(範囲,検索条件,合計範囲)

●引数

範囲：条件のデータを探したい範囲

検索条件：探したいデータ。文字列を直接指定する場合は「""」でくくる

合計範囲：合計計算の対象にしたい範囲

STEP UP!　　練習用ファイル ▶ 04_10_STEPUP02.xlsx

商品ごとにまとめた集計表にするには

下図のようにSUMIF関数やCOUNTIF関数の結果を表にまとめる場合、引数の範囲を絶対参照にします。絶対参照にすることで入力した式をコピーすることができます。

=SUMIF($B$7:$B$27,B3,$D$7:$D$27)

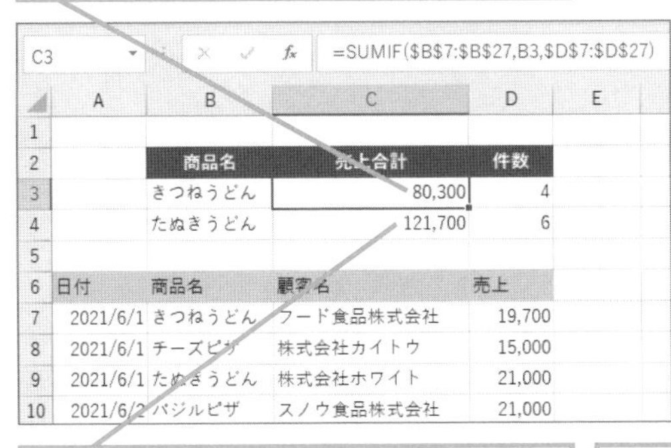
C3　=SUMIF($B$7:$B$27,B3,$D$7:$D$27)

	A	B	C	D	E
1					
2		商品名	売上合計	件数	
3		きつねうどん	80,300	4	
4		たぬきうどん	121,700	6	
5					
6	日付	商品名	顧客名	売上	
7	2021/6/1	きつねうどん	フード食品株式会社	19,700	
8	2021/6/1	チーズピザ	株式会社カイトウ	15,000	
9	2021/6/1	たぬきうどん	株式会社ホワイト	21,000	
10	2021/6/2	バジルピザ	スノウ食品株式会社	21,000	

データを探す範囲、合計する範囲を絶対参照にする

=SUMIF($B$7:$B$27,B4,$D$7:$D$27)

絶対参照なら式をコピーしてもセル参照がずれない

[検索範囲]と[合計範囲]を絶対参照にしておけば、式をコピーしてもセル参照がずれないね！

SECTION

5 複数条件に合うデータの合計を求める

こんどはSUMIFS関数。SUMIF関数の条件が増えるやつだね。

条件が増えると式も長くなるし複雑だよね。間違えないようにしないと。

▶特定の商品と顧客の売上合計を求める 練習用ファイル▶04_10_04.xlsx

SUMIFS関数は、**複数の条件がすべて合うデータの指定した範囲の値を合計**します。条件が2つの場合、引数は5つ（合計する範囲、条件1、範囲1、条件2、範囲2）となり、間違えやすくなります。**ダイアログボックスを使って入力**しましょう。ここでは、商品名が「きつねうどん」、なおかつ、顧客名が「フード食品株式会社」の売上を合計します。

=SUMIFS(D6:D26,B6:B26,B3,C6:C26,B1)

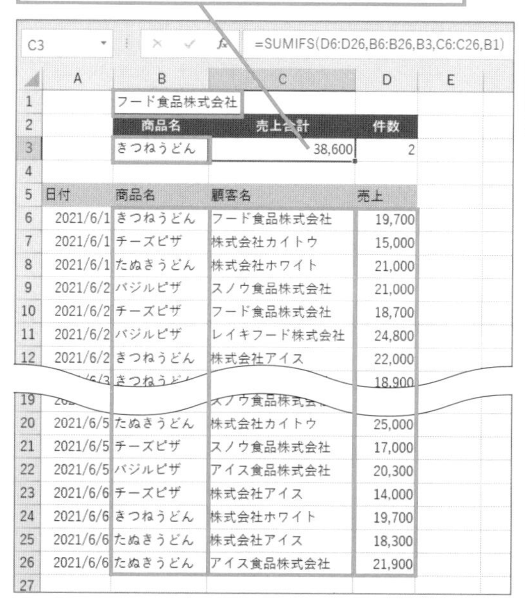

C3 =SUMIFS(D6:D26,B6:B26,B3,C6:C26,B1)

	A	B	C	D	E
1		フード食品株式会社			
2		商品名	売上合計	件数	
3		きつねうどん	38,600	2	
4					
5	日付	商品名	顧客名	売上	
6	2021/6/1	きつねうどん	フード食品株式会社	19,700	
7	2021/6/1	チーズピザ	株式会社カイトウ	15,000	
8	2021/6/1	たぬきうどん	株式会社ホワイト	21,000	
9	2021/6/2	バジルピザ	スノウ食品株式会社	21,000	
10	2021/6/2	チーズピザ	フード食品株式会社	18,700	
11	2021/6/2	バジルピザ	レイキフード株式会社	24,800	
12	2021/6/2	きつねうどん	株式会社アイス	22,000	
				18,900	
19					
20	2021/6/5	たぬきうどん	株式会社カイトウ	25,000	
21	2021/6/5	チーズピザ	スノウ食品株式会社	17,000	
22	2021/6/5	バジルピザ	アイス食品株式会社	20,300	
23	2021/6/6	チーズピザ	株式会社アイス	14,000	
24	2021/6/6	きつねうどん	株式会社ホワイト	19,700	
25	2021/6/6	たぬきうどん	株式会社アイス	18,300	
26	2021/6/6	たぬきうどん	アイス食品株式会社	21,900	
27					

商品名がセルB3の「きつねうどん」かつ、顧客名がセルB1の「フード食品株式会社」の売上を合計する

書式 複数の検索条件に合うデータの合計を求める

サムイフエス
=SUMIFS(合計対象範囲,条件範囲1,条件1,
条件範囲2,条件2,･･･)

●引数

合計対象範囲：合計計算の対象にしたい範囲

条件範囲：データを探したい範囲。127個まで指定できる

条件：探したいデータ。直前の［条件範囲］とセットで指定する

STEP UP!

まず合計計算の対象範囲を指定

条件が1つのSUMIF関数と混乱しがちですが、SUMIFS関数の引数には最初に合計計算の対象となる範囲を指定します。SUMIF関数では、合計対象範囲は引数の最後でしたから間違えないようにしましょう。

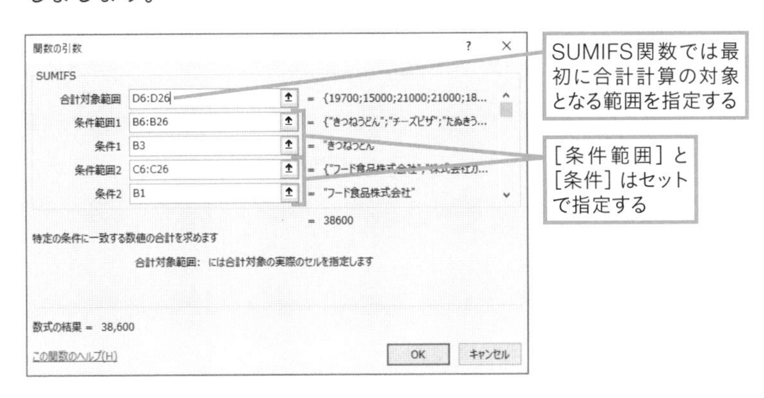

式を見ただけだと難しいけど、ダイアログボックスで見るとわかりやすい！

6 【チャレンジ】条件付きで集計しよう

▶チャレンジ1

顧客別の売上集計表を作成しましょう。売上集計表のF列の顧客名を条件にして売上の合計を表示します。

BEFORE

	A	B	C	D	E	F	G	H
1								
2	日付	商品名	顧客名	売上		顧客名	売上合計	
3	2021/6/1	きつねうどん	フード食品株式会社	19,700		アイス食品株式会社		
4	2021/6/1	チーズピザ	株式会社カイトウ	15,000		スノウ食品株式会社		
5	2021/6/1	たぬきうどん	株式会社ホワイト	21,000		フード食品株式会社		
6	2021/6/2	バジルピザ	スノウ食品株式会社	21,000		レイキフード株式会社		
7	2021/6/2	チーズピザ	フード食品株式会社	18,700		株式会社アイス		
8	2021/6/2	バジルピザ	レイキフード株式会社	24,800		株式会社カイトウ		
9	2021/6/2	きつねうどん	株式会社アイス	22,000		株式会社ホワイト		
10	2021/6/3	きつねうどん	フード食品株式会社	18,900				
11	2021/6/3	チーズピザ	スノウ食品株式会社	16,600				
12	2021/6/3	バジルピザ	株式会社ホワイト	19,000				
13	2021/6/4	たぬきうどん	株式会社アイス	16,200				
14	2021/6/4	バジルピザ	株式会社カイトウ	16,000				
15	2021/6/4	チーズピザ	レイキフード株式会社	17,900				
16	2021/6/4	たぬきうどん	スノウ食品株式会社	19,300				
17	2021/6/5	たぬきうどん	株式会社カイトウ	25,000				
18	2021/6/5	チーズピザ	スノウ食品株式会社	17,000				
19	2021/6/5	バジルピザ	アイス食品株式会社	20,300				
20	2021/6/6	チーズピザ	株式会社アイス	14,000				

AFTER

	A	B	C	D	E	F	G	H
1								
2	日付	商品名	顧客名	売上		顧客名	売上合計	
3	2021/6/1	きつねうどん	フード食品株式会社	19,700		アイス食品株式会社	42,200	
4	2021/6/1	チーズピザ	株式会社カイトウ	15,000		スノウ食品株式会社	73,900	
5	2021/6/1	たぬきうどん	株式会社ホワイト	21,000		フード食品株式会社	57,300	
6	2021/6/2	バジルピザ	スノウ食品株式会社	21,000		レイキフード株式会社	42,700	
7	2021/6/2	チーズピザ	フード食品株式会社	18,700		株式会社アイス	70,500	
8	2021/6/2	バジルピザ	レイキフード株式会社	24,800		株式会社カイトウ	56,000	
9	2021/6/2	きつねうどん	株式会社アイス	22,000		株式会社ホワイト	59,700	
10	2021/6/3	きつねうどん	フード食品株式会社	18,900				
11	2021/6/3	チーズピザ	スノウ食品株式会社	16,600				
12	2021/6/3	バジルピザ	株式会社ホワイト	19,000				
13	2021/6/4	たぬきうどん	株式会社アイス	16,200				
14	2021/6/4	バジルピザ	株式会社カイトウ	16,000				
15	2021/6/4	チーズピザ	レイキフード株式会社	17,900				
16	2021/6/4	たぬきうどん	スノウ食品株式会社	19,300				
17	2021/6/5	たぬきうどん	株式会社カイトウ	25,000				
18	2021/6/5	チーズピザ	スノウ食品株式会社	17,000				
19	2021/6/5	バジルピザ	アイス食品株式会社	20,300				
20	2021/6/6	チーズピザ	株式会社アイス	14,000				

▶チャレンジ2

商品別顧客別の売上集計表を作成しましょう。売上集計表のF列の商品名、セルG2とセルH2の顧客名を条件にして売上の合計を表示します。

BEFORE

	A	B	C	D	E	F	G	H
1								
2	日付	商品名	顧客名	売上			フード食品株式会社	株式会社アイス
3	2021/6/1	きつねうどん	フード食品株式会社	19,700		きつねうどん		
4	2021/6/1	チーズピザ	株式会社カイトウ	15,000		たぬきうどん		
5	2021/6/1	たぬきうどん	株式会社ホワイト	21,000		チーズピザ		
6	2021/6/2	バジルピザ	スノウ食品株式会社	21,000		バジルピザ		
7	2021/6/2	チーズピザ	フード食品株式会社	18,700				
8	2021/6/2	バジルピザ	レイキフード株式会社	24,800				
9	2021/6/2	きつねうどん	株式会社アイス	22,000				
10	2021/6/3	きつねうどん	フード食品株式会社	18,900				
11	2021/6/3	チーズピザ	スノウ食品株式会社	16,600				
12	2021/6/3	バジルピザ	株式会社ホワイト	19,000				
13	2021/6/4	たぬきうどん	株式会社アイス	16,200				
14	2021/6/4	バジルピザ	株式会社カイトウ	16,000				
15	2021/6/4	チーズピザ	レイキフード株式会社	17,900				
16	2021/6/4	たぬきうどん	スノウ食品株式会社	19,300				
17	2021/6/5	たぬきうどん	株式会社カイトウ	25,000				
18	2021/6/5	チーズピザ	スノウ食品株式会社	17,000				
19	2021/6/5	バジルピザ	アイス食品株式会社	20,300				
20	2021/6/6	チーズピザ	株式会社アイス	14,000				

↓

AFTER

	A	B	C	D	E	F	G	H
1								
2	日付	商品名	顧客名	売上			フード食品株式会社	株式会社アイス
3	2021/6/1	きつねうどん	フード食品株式会社	19,700		きつねうどん	38,600	22,000
4	2021/6/1	チーズピザ	株式会社カイトウ	15,000		たぬきうどん	0	34,500
5	2021/6/1	たぬきうどん	株式会社ホワイト	21,000		チーズピザ	18,700	14,000
6	2021/6/2	バジルピザ	スノウ食品株式会社	21,000		バジルピザ	0	0
7	2021/6/2	チーズピザ	フード食品株式会社	18,700				
8	2021/6/2	バジルピザ	レイキフード株式会社	24,800				
9	2021/6/2	きつねうどん	株式会社アイス	22,000				
10	2021/6/3	きつねうどん	フード食品株式会社	18,900				
11	2021/6/3	チーズピザ	スノウ食品株式会社	16,600				
12	2021/6/3	バジルピザ	株式会社ホワイト	19,000				
13	2021/6/4	たぬきうどん	株式会社アイス	16,200				
14	2021/6/4	バジルピザ	株式会社カイトウ	16,000				
15	2021/6/4	チーズピザ	レイキフード株式会社	17,900				
16	2021/6/4	たぬきうどん	スノウ食品株式会社	19,300				
17	2021/6/5	たぬきうどん	株式会社カイトウ	25,000				
18	2021/6/5	チーズピザ	スノウ食品株式会社	17,000				
19	2021/6/5	バジルピザ	アイス食品株式会社	20,300				
20	2021/6/6	チーズピザ	株式会社アイス	14,000				

▶チャレンジ1解答

SUMIF関数「=SUMIF(範囲,検索条件,合計範囲)」をセルG3に入力します。[検索条件]はF列の顧客名ですから、これを検索する[範囲]は「顧客名」のC列、合計する[合計範囲]は「売上」のD列を指定します。入力したSUMIF関数の式はコピーしたいので、C列、D列の範囲を絶対参照にします。

=SUMIF($C$3:$C$23,F3,$D$3:$D$23)

G3 =SUMIF($C$3:$C$23,F3,$D$3:$D$23)

	A	B	C	D	E	F	G	H
1								
2	日付	商品名	顧客名	売上		顧客名	売上合計	
3	2021/6/1	きつねうどん	フード食品株式会社	19,700		アイス食品株式会社	42,200	
4	2021/6/1	チーズピザ	株式会社カイトウ	15,000		スノウ食品株式会社	73,900	
5	2021/6/1	たぬきうどん	株式会社ホワイト	21,000		フード食品株式会社	57,300	
6	2021/6/2	バジルピザ	スノウ食品株式会社	21,000		レイキフード株式会社	42,700	
7	2021/6/2	チーズピザ	フード食品株式会社	18,700		株式会社アイス	70,500	
8	2021/6/2	バジルピザ	レイキフード株式会社	24,800		株式会社カイトウ	56,000	
9	2021/6/2	きつねうどん	株式会社アイス	22,000		株式会社ホワイト	59,700	
10	2021/6/3	きつねうどん	フード食品株式会社	18,900				
11	2021/6/3	チーズピザ	スノウ食品株式会社	16,600				
12	2021/6/3	バジルピザ	株式会社ホワイト	19,000				
13	2021/6/4	たぬきうどん	株式会社アイス	16,200				
14	2021/6/4	バジルピザ	株式会社カイトウ	16,000				
15	2021/6/4	チーズピザ	レイキフード株式会社	17,900				
16	2021/6/4	たぬきうどん	スノウ食品株式会社	19,300				
17	2021/6/5	たぬきうどん	株式会社カイトウ	25,000				
18	2021/6/5	チーズピザ	スノウ食品株式会社	17,000				
19	2021/6/5	バジルピザ	アイス食品株式会社	20,300				
20	2021/6/6	チーズピザ	株式会社アイス	14,000				

答えがあっているかどうかは、フィルターで抽出して、ステータスバーで確かめられるんだったね(137ページ参照)。

▶チャレンジ2解答

SUMIFS関数「=SUMIFS(合計対象範囲，条件範囲1，条件1，条件範囲2，条件2，…)」をセルG3に入力します。[合計対象範囲]は「売上」のD列を指定します。[条件1]にF列の商品名、[条件2]にセルG3の顧客名を指定し、それぞれを検索する[条件範囲1] [条件範囲2]を指定します。

セルG3に入力した式を右方向、下方向にコピーするには、すべての引数を絶対参照にしますが、[条件1]は列のみ絶対参照、[条件2]は行のみ絶対参照にする必要があります。

=SUMIFS($D$3:$D$23,$B$3:$B$23,$F3,$C$3:$C$23,G$2)

G3 =SUMIFS($D$3:$D$23,$B$3:$B$23,$F3,$C$3:$C$23,G$2)

	A	B	C	D	E	F	G	H
1								
2	日付	商品名	顧客名	売上			フード食品株式会社	株式会社アイス
3	2021/6/1	きつねうどん	フード食品株式会社	19,700		きつねうどん	38,600	22,000
4	2021/6/1	チーズピザ	株式会社カイトウ	15,000		たぬきうどん	0	34,500
5	2021/6/1	たぬきうどん	株式会社ホワイト	21,000		チーズピザ	18,700	14,000
6	2021/6/2	バジルピザ	スノウ食品株式会社	21,000		バジルピザ	0	0
7	2021/6/2	チーズピザ	フード食品株式会社	18,700				
8	2021/6/2	バジルピザ	レイキフード株式会社	24,800				
9	2021/6/2	きつねうどん	株式会社アイス	22,000				
10	2021/6/3	きつねうどん	フード食品株式会社	18,900				
11	2021/6/3	チーズピザ	スノウ食品株式会社	16,600				
12	2021/6/3	バジルピザ	株式会社ホワイト	19,000				
13	2021/6/4	たぬきうどん	株式会社アイス	16,200				
14	2021/6/4	バジルピザ	株式会社カイトウ	16,000				
15	2021/6/4	チーズピザ	レイキフード株式会社	17,900				
16	2021/6/4	たぬきうどん	スノウ食品株式会社	19,300				
17	2021/6/5	たぬきうどん	株式会社カイトウ	25,000				
18	2021/6/5	チーズピザ	スノウ食品株式会社	17,000				
19	2021/6/5	バジルピザ	アイス食品株式会社	20,300				
20	2021/6/6	チーズピザ	株式会社アイス	14,000				

このLESSONのポイント

- **SUMやCOUNTには条件に合うものだけを計算する「IF」「IFS」が付く関数がある**
- **SUMIF関数、COUNTIF関数は1つの条件を、SUMIFS関数、COUNTIFS関数は複数の条件を指定できる**

EPILOGUE

IF関数や「IF」「IFS」が付く関数って、条件に合うか合わないかを自動的に判断してくれるんだね。ほんとロボットみたい、関数ロボだ！

判断を間違えることは絶対にないしね。まさにロボ！

ただ、条件を考えるのは"ぼく"だからね。ぼくが条件を間違えたらロボの判断も間違ったものになるから信用できないっていうか……。

あれ？　めずらしく自信なそうにしてるね。けど、大丈夫だよ！条件や結果を確かめる方法があったでしょ。

あ、IF関数の論理式を単独で入力して試してみるやつだ。

そうそう。あと条件に合うデータを「フィルター」で抽出する方法。そういうのに頼れば、間違いなく条件を指定できるよ！

そうだね。条件が「正しいか」を常に意識しておけば大丈夫だよね。

それをいうなら「TRUE」を意識するって言ってほしかったな。

第5章

関数エキスパートを目指そう

PROLOGUE

課長、A支店の商品別売上集計できました。

こちらもB支店の集計できました。

ありがとう。うん。ばっちり！　ふたりとも関数を使うことで仕事が速くなってるね。

ただ、ここまで理解した関数の数は少ないんですよね。もっと使える関数を増やしたいです。

それなら汎用性の高い関数を学んでみたら？　あと、Excelといえばデータ分析だから、そこに強くなるとこの先役に立つよ。ま、関数の世界は奥深いからね。ひるまず進んでみてよ！

関数の世界！？　なんか冒険に出かける気分になってきました。ね、可愛くん！　さぁ、どこに進む？

えーっと、まずは関数×関数の「ネスト」だね。

え？　「クエスト」？　ほんとに探検っぽくなってきた！

クエストじゃない！　「ネスト」！

LESSON 11

ネスト

ネストができれば関数は自由自在

そもそも「ネスト」ってどんな意味なのかな?

「ネスト」って言葉は「入れ子」ともいうけど、同じものが中に入っている形をいうらしいよ。「関数のネスト」は関数の中に関数があるってことかなあ?

SECTION

1 引数に関数を指定するネスト

▶ネストとは

関数の引数に関数を指定することを「関数のネスト」といいます。ある関数の結果をそのままほかの関数に使うとき関数をネストします。

STEP UP!

関数の重ねすぎに注意

関数の引数に関数、その関数の引数に関数、さらにその関数の……。というようにネストを重ねていくことができます。ただし、式は長くなり解読は困難になります。重ねすぎはNGです。

SECTION 2

関数をネストするときの書き方

ネストするときの式の書き方って？

引数のところを関数式に置き換えればいいんじゃないのかな。なにかルールがあるのかな？

▶ネストの書き方

関数の書き方は「=関数名(引数)」が基本ですが、**引数に指定する関数に「=」は必要ありません。**たとえば、四捨五入のROUND関数の引数に合計のSUM関数を指定する場合、SUM関数の「=」は不要です。

ROUND関数の引数にSUM関数を指定する

=ROUND(数値,桁数)

SUM(範囲)
ROUND関数の引数[数値]に
SUM関数をネストする

=ROUND(SUM(範囲),桁数)

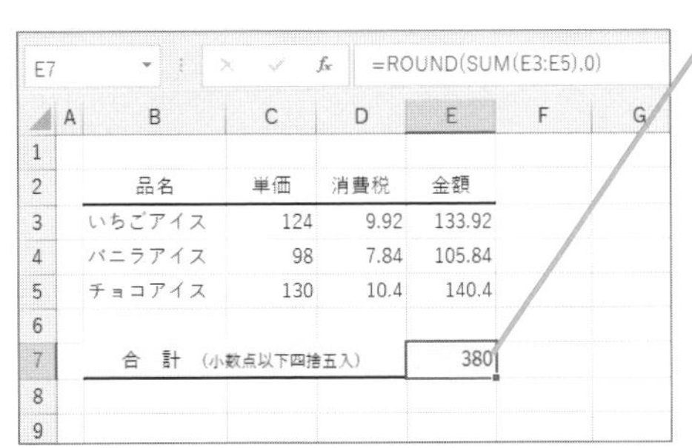

E7 =ROUND(SUM(E3:E5),0)

	A	B	C	D	E	F	G
1							
2		品名	単価	消費税	金額		
3		いちごアイス	124	9.92	133.92		
4		バニラアイス	98	7.84	105.84		
5		チョコアイス	130	10.4	140.4		
6							
7		合　計　(小数点以下四捨五入)			380		
8							
9							

=ROUND(SUM(E3:E5),0)

SUM関数で売上金額を合計し、ROUND関数で小数点以下を四捨五入する

()が多くなるね。

内側の関数の()と、外側の関数の()の位置を間違えないようにしないとね。

書式 四捨五入する

=ROUND(数値,桁数)（ラウンド）

●引数

数値：四捨五入したい数値

桁数：四捨五入したい桁を指定。「0」の指定により小数点以下を四捨五入

SECTION

3 関数をネストするときの入力方法

関数の引数に関数を指定すると式が長くなってわけわかんなくなる……。

そうそう。なにかいい入力方法ないのかな。

▶関数ネストの入力方法

練習用ファイル ▶ 05_11_01.xlsx

関数のネストでも**ダイアログボックスで引数を確認しながら入力**するのがオススメです。外側の関数と中に入れる関数のダイアログボックスの切り替えがポイントになります。ROUND関数にSUM関数を指定する式で確認しましょう。

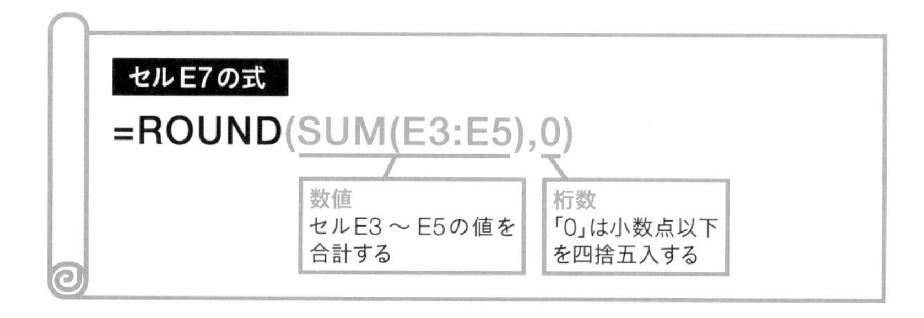

セルE7の式
=ROUND(SUM(E3:E5),0)
数値
セルE3～E5の値を合計する
桁数
「0」は小数点以下を四捨五入する

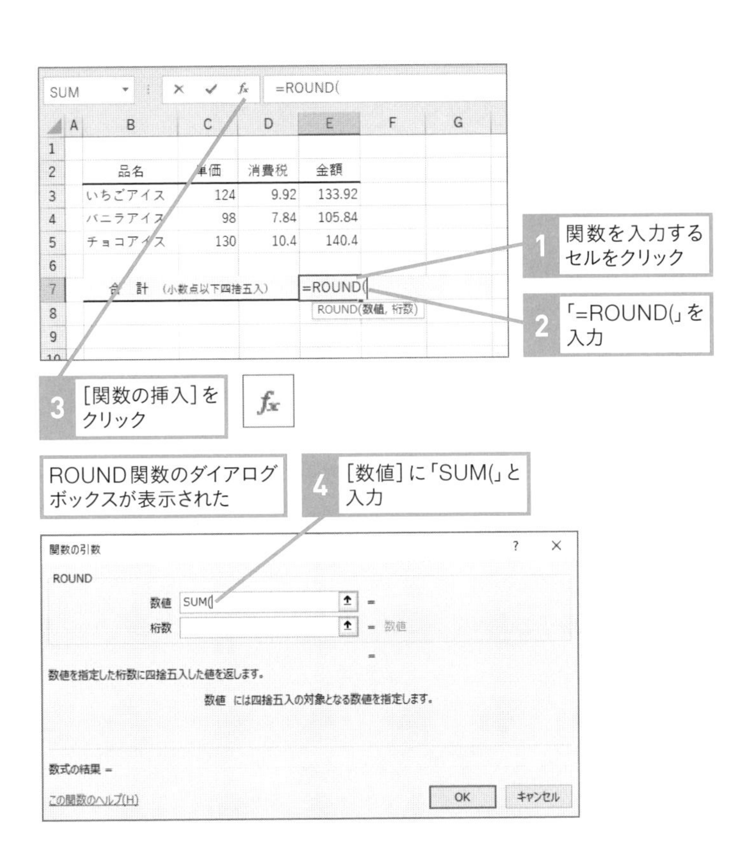

SUM
=ROUND(
品名
単価
消費税
金額
いちごアイス 124 9.92 133.92
バニラアイス 98 7.84 105.84
チョコアイス 130 10.4 140.4
合計 (小数点以下四捨五入)
=ROUND(
ROUND(数値, 桁数)
1 関数を入力するセルをクリック
2 「=ROUND(」を入力
3 [関数の挿入]をクリック
ROUND関数のダイアログボックスが表示された
4 [数値]に「SUM(」と入力
関数の引数
ROUND
数値 SUM(
桁数
数値
数値を指定した桁数に四捨五入した値を返します。
数値 には四捨五入の対象となる数値を指定します。
数式の結果 =
この関数のヘルプ(H)
OK
キャンセル

なるほど。引数の入力ボックスにネストしたい関数を入力するんだね。

5 数式バーの「SUM」の文字をクリック

SUM関数のダイアログボックスが表示された

6 SUM関数の引数を入力

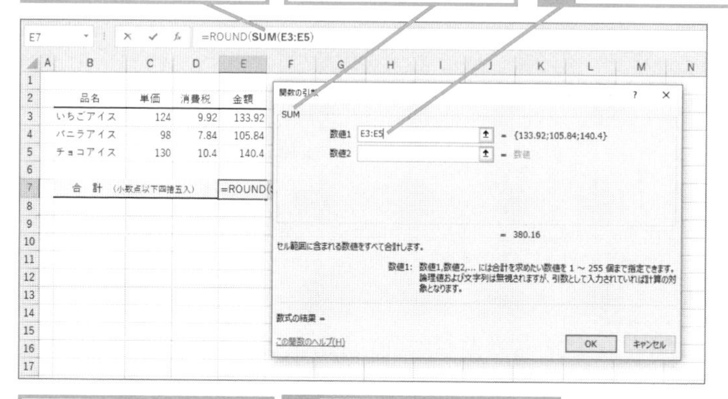

ROUND関数のダイアログボックスを表示する

7 数式バーの「ROUND」の文字をクリック

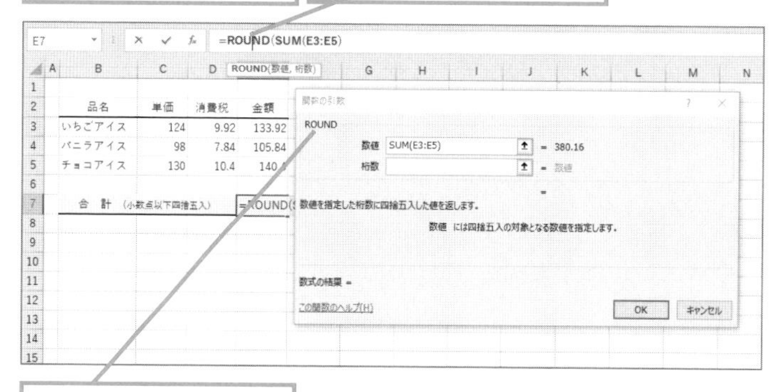

ROUND関数のダイアログボックスが表示された

数式バーの関数名をクリックするとダイアログボックスが切り替わるんだね。

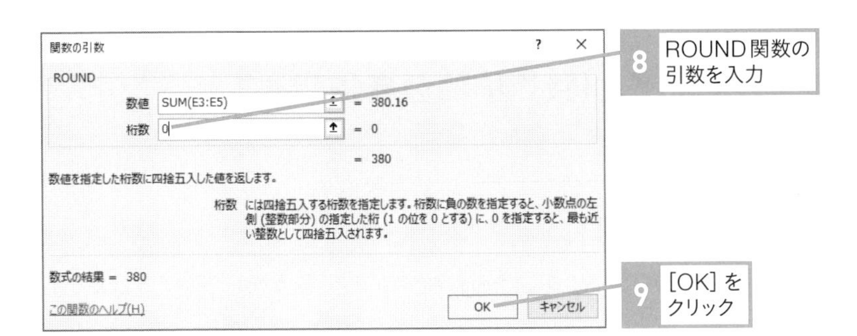

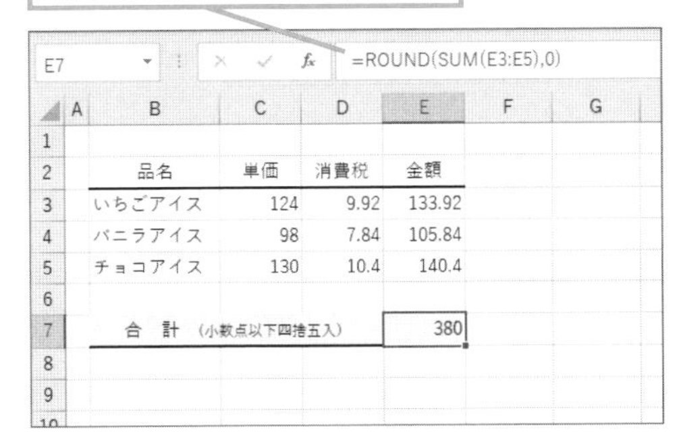

この方法ならそれぞれの関数の引数を区別して考えられるね。

SECTION

4 IF関数の引数にIF関数を指定する

IF関数にIF関数をネストするんだね。

IF関数は2通りの結果に分ける関数だよね。ネストするとどんな結果になるんだろう？

▶IF関数で3通りの結果にする

IF関数は条件に合う場合と合わない場合のどちらかの結果を出す関数ですが、**IF関数にIF関数をネストすると、3つのどれかを出す**ことができます。データに○、△、×のどれかを表示するなどよく利用されます。

IF関数の引数は、「条件」「条件に合う場合」「条件に合わない場合」の3つです。3通りの結果にする場合、「条件に合う場合」または「条件に合わない場合」のどちらかにIF関数をネストします。

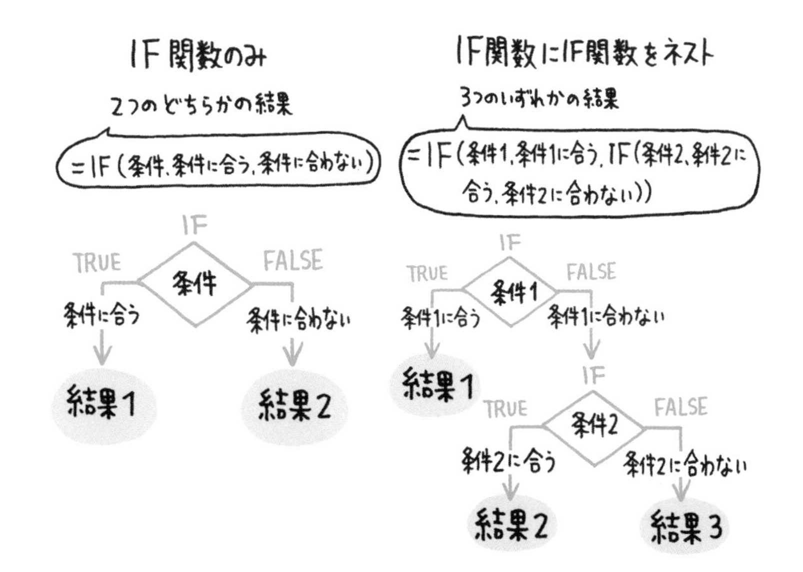

▶数値の評価を3通りに分ける　練習用ファイル ▶ 05_11_02.xlsx

IF関数にIF関数をネストすることで、結果を○、△、×の3つのいずれかにしてみましょう。ここでは、売上が50万以上を○、40～50万未満を△、40万未満を×にします。

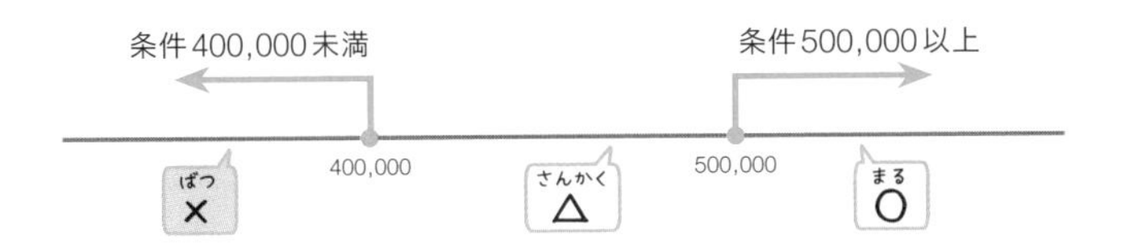

条件には「売上が50万以上」と「売上が40万未満」を指定します。それぞれの条件に合うのは「○」と「×」。どちらの条件にも合わないものを「△」とします。

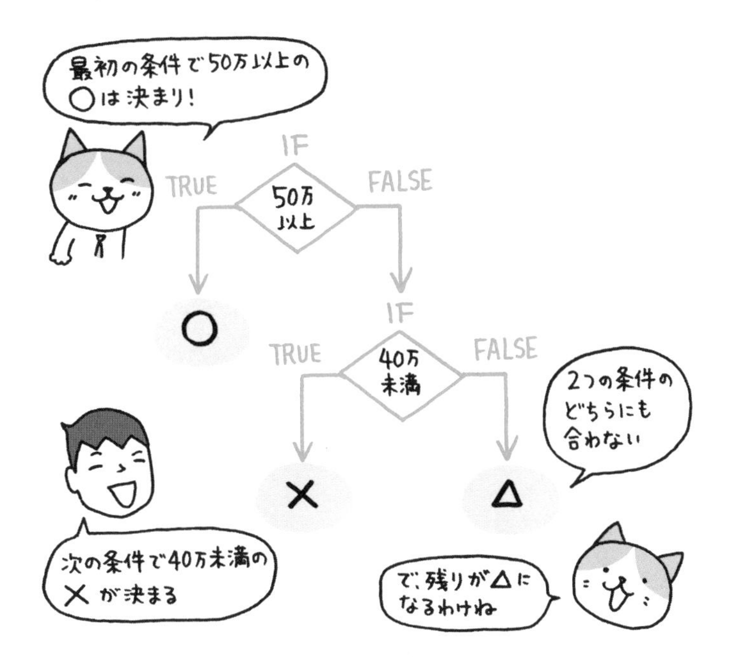

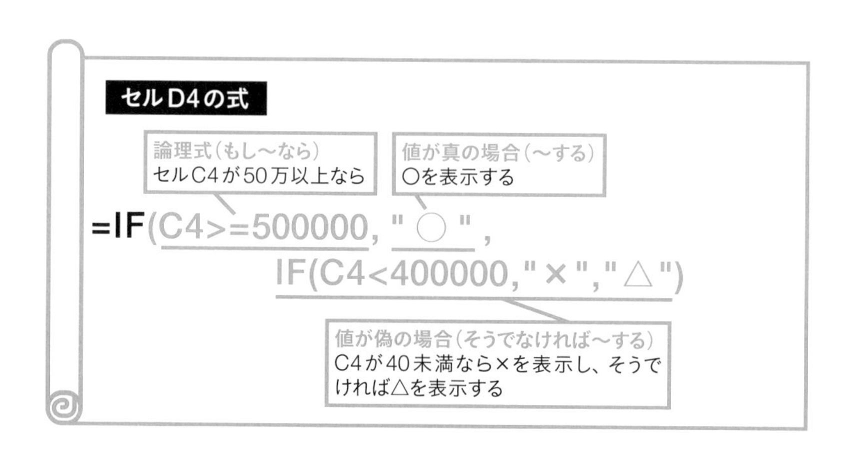
セルD4の式
論理式(もし〜なら)
セルC4が50万以上なら
値が真の場合(〜する)
○を表示する
=IF(C4>=500000, " ○ " ,
IF(C4<400000," × "," △ ")
値が偽の場合(そうでなければ〜する)
C4が40未満なら×を表示し、そうでければ△を表示する

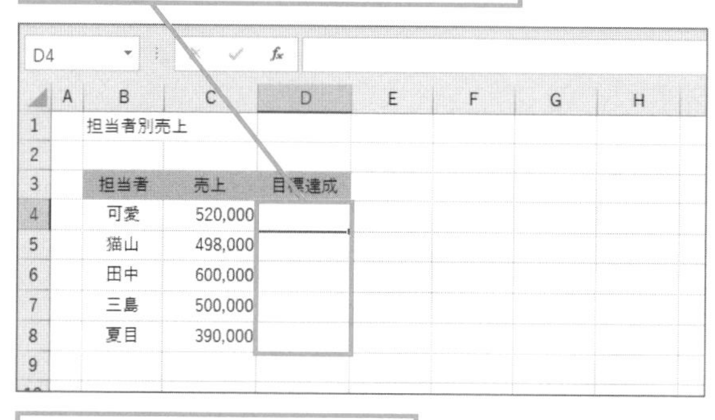
売上が50万以上は「○」、40万未満は「×」、40 〜 50万未満は「△」を表示する
D4
担当者別売上
担当者
売上
目標達成
可愛
520,000
猫山
498,000
田中
600,000
三島
500,000
夏目
390,000

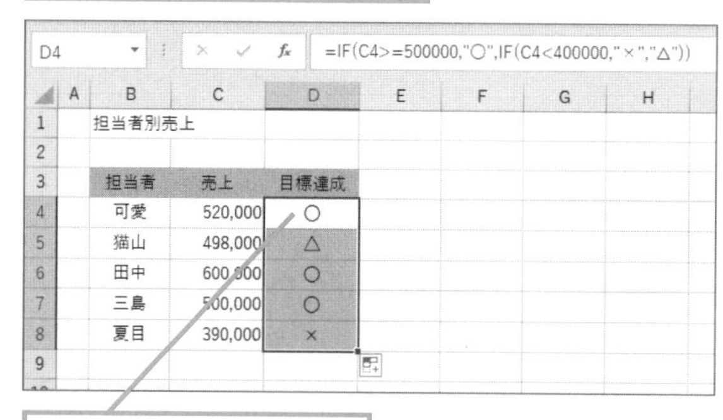
セルD4に売上に対する評価「○」が表示された
D4
=IF(C4>=500000,"○",IF(C4<400000,"×","△"))
担当者別売上
担当者
売上
目標達成
可愛
520,000
○
猫山
498,000
△
田中
600,000
○
三島
500,000
○
夏目
390,000
×
=IF(C4>=500000,"○",
IF(C4<400000,"×","△")

4通りの結果を表示するには

IF関数にIF関数をネストし、さらに3つ目のIF関数をネストすると4通りの結果にすることができます。ただし、式は長くなり、条件の指定や検証は困難になります。そこで4通り以上の結果にしたいときは、次の**LESSONで紹介するVLOOKUP関数をオススメします**。VLOOKUP関数は表示させたい結果を別の表から探して持ってきてくれます。下図の例では、A～Dの4通りをVLOOKUP関数で表示しています。174ページで詳しく紹介します。

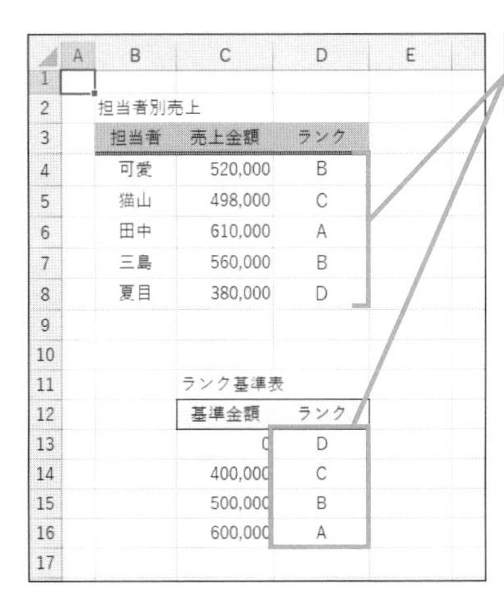

	A	B	C	D	E
1					
2		担当者別売上			
3		担当者	売上金額	ランク	
4		可愛	520,000	B	
5		猫山	498,000	C	
6		田中	610,000	A	
7		三島	560,000	B	
8		夏目	380,000	D	
9					
10					
11			ランク基準表		
12			基準金額	ランク	
13			0	D	
14			400,000	C	
15			500,000	B	
16			600,000	A	
17					

VLOOKUP関数により別表に用意した
A～Dの4通りのランクを表示する

別の表からデータを持ってきてくれるVLOOKUP関数なら、何通りでも大丈夫だね。

STEP UP!　練習用ファイル ▶ 05_11_STEPUP01.xlsx

IFS関数で複数の結果に振り分ける

Excel 2019以降、またはMicrosoft 365のExcelでは、**複数の条件を指定することができるIFS関数**が利用できます。引数には、条件ごとに条件に合う処理だけを指定します。IF関数と異なり、条件に対する「偽の場合の処理」は指定する必要がなく、IF関数に比べると単純です。ただし、Excelのバージョンが対応していない場合は、実行されないため使用には注意が必要です。

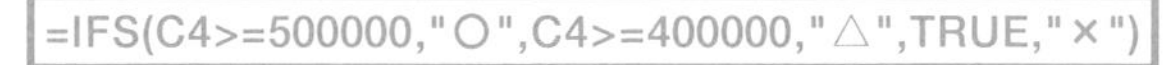

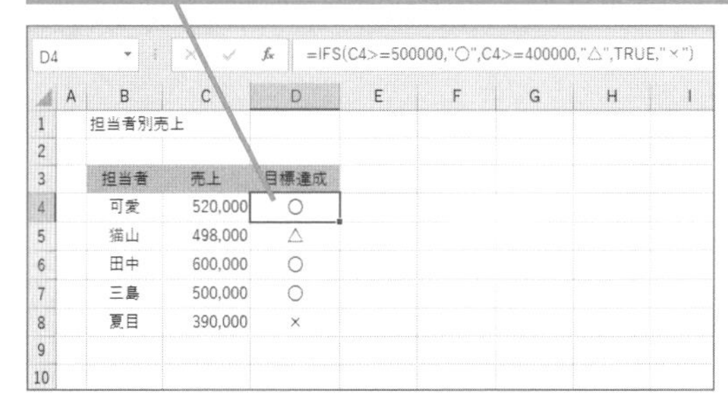

	A	B	C	D
1		担当者別売上		
2				
3		担当者	売上	目標達成
4		可愛	520,000	○
5		猫山	498,000	△
6		田中	600,000	○
7		三島	500,000	○
8		夏目	390,000	×
9				
10				

売上が50万以上は「○」、40万以上は「△」、それら以外は「×」を表示する

書式　条件(複数)に合わせせた処理を行う

=IFS(論理式1,真の場合1,論理式2,真の場合2,･･･,論理式127,真の場合127)

（IFS：イフエス）

●引数

論理式：「もし～なら」の条件

真の場合：論理式に合う場合に実行する処理を指定

どの論理式にも合わない場合の処理を指定する場合は、最後の論理式に「TRUE」を指定し、そのあとに続けて実行したい処理を指定

STEP UP!　練習用ファイル ▶ 05_11_STEPUP02.xlsx

ネストした関数を検証しよう

関数の引数に指定した関数（中の関数）の結果はどこにも表示されないため、間違っていても気づきません。「数式の検証」機能を使い中の関数の結果を確認してみましょう。

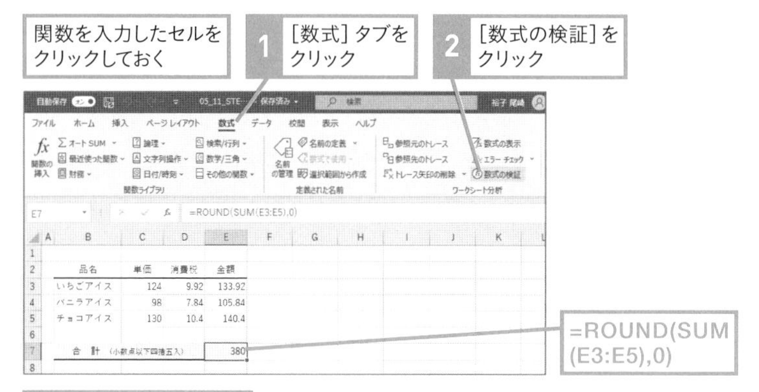

関数を入力したセルをクリックしておく
1 [数式]タブをクリック

[数式の計算]ダイアログボックスが表示された

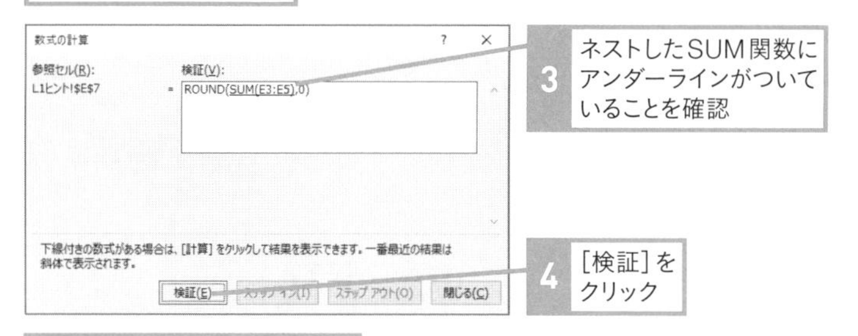

3 ネストしたSUM関数にアンダーラインがついていることを確認

SUM関数の結果が表示された

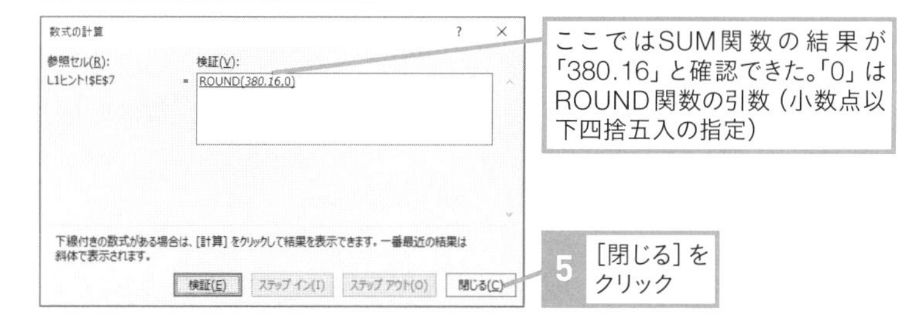

ここではSUM関数の結果が「380.16」と確認できた。「0」はROUND関数の引数（小数点以下四捨五入の指定）
5 [閉じる]をクリック

SECTION 練習用ファイル ▶ 05_11_チャレンジ.xlsx

5 【チャレンジ】関数のネストを練習しよう

▶チャレンジ1

会員種別により割引率を変えて計算します。会員種別が「ゴールド」の場合30%引き、「シルバー」の場合20%引き、「ブロンズ」の場合10%引きになるようにします。

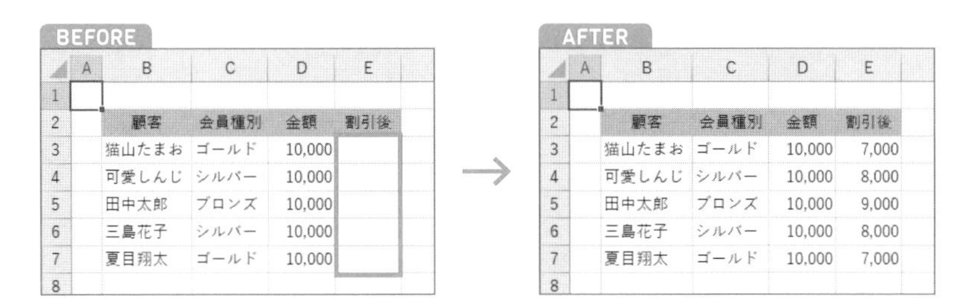

BEFORE

	A	B	C	D	E
1					
2		顧客	会員種別	金額	割引後
3		猫山たまお	ゴールド	10,000	
4		可愛しんじ	シルバー	10,000	
5		田中太郎	ブロンズ	10,000	
6		三島花子	シルバー	10,000	
7		夏目翔太	ゴールド	10,000	
8					

→

AFTER

	A	B	C	D	E
1					
2		顧客	会員種別	金額	割引後
3		猫山たまお	ゴールド	10,000	7,000
4		可愛しんじ	シルバー	10,000	8,000
5		田中太郎	ブロンズ	10,000	9,000
6		三島花子	シルバー	10,000	8,000
7		夏目翔太	ゴールド	10,000	7,000
8					

▶チャレンジ2

左の売上データを元に右の表を完成させましょう。商品ごとの売上金額が10万円以上の場合にG列の「10万円以上」に○を表示します。10万円未満は何も表示しません。

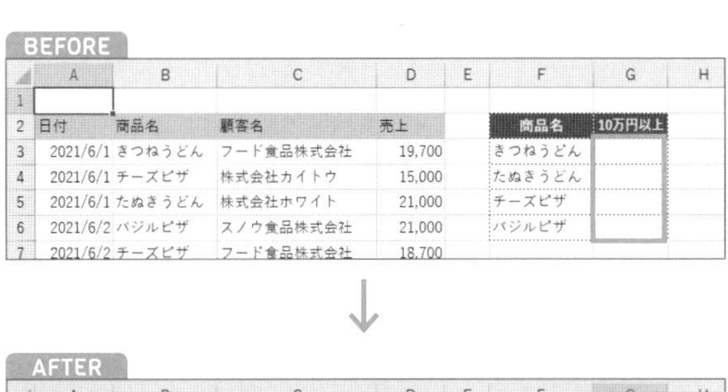

BEFORE

	A	B	C	D	E	F	G	H
1								
2	日付	商品名	顧客名	売上		商品名	10万円以上	
3	2021/6/1	きつねうどん	フード食品株式会社	19,700		きつねうどん		
4	2021/6/1	チーズピザ	株式会社カイトウ	15,000		たぬきうどん		
5	2021/6/1	たぬきうどん	株式会社ホワイト	21,000		チーズピザ		
6	2021/6/2	バジルピザ	スノウ食品株式会社	21,000		バジルピザ		
7	2021/6/2	チーズピザ	フード食品株式会社	18,700				

↓

AFTER

	A	B	C	D	E	F	G	H
1								
2	日付	商品名	顧客名	売上		商品名	10万円以上	
3	2021/6/1	きつねうどん	フード食品株式会社	19,700		きつねうどん		
4	2021/6/1	チーズピザ	株式会社カイトウ	15,000		たぬきうどん	○	
5	2021/6/1	たぬきうどん	株式会社ホワイト	21,000		チーズピザ		
6	2021/6/2	バジルピザ	スノウ食品株式会社	21,000		バジルピザ	○	
7	2021/6/2	チーズピザ	フード食品株式会社	18,700				

▶チャレンジ1解答

IF関数にIF関数をネストし、ゴールド、シルバー、ブロンズのそれぞれの計算を実行します。計算式はそれぞれ、ゴールドが「金額*70%」、シルバーが「金額*80%」、ブロンズが「金額*90%」です。ここでは、1つめのIF関数でゴールドの計算を2つめのIF関数でシルバーの計算を実行します。どちらの条件にも合わない場合、ブロンズの計算を実行します。

```
=IF(C3="ゴールド",D3*70%,IF(C3="シルバー",D3*80%,D3*90%))
```

E3 =IF(C3="ゴールド",D3*70%,IF(C3="シルバー",D3*80%,D3*90%))

	A	B	C	D	E
1					
2		顧客	会員種別	金額	割引後
3		猫山たまお	ゴールド	10,000	7,000
4		可愛しんじ	シルバー	10,000	8,000
5		田中太郎	ブロンズ	10,000	9,000

▶チャレンジ2解答

IF関数で○か空白を表示します。IF関数の条件は「商品ごとの集計結果が10万円以上」ですが、商品ごとの集計はSUMIF関数で行うので、IF関数の引数[論理式]にSUMIF関数を指定します。論理式は「SUMIF($B$3:$B$23,F3,$D$3:$D$23)>=100000」となります。

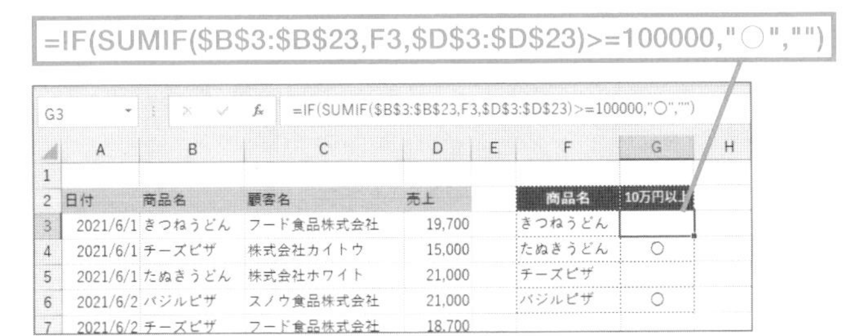

```
=IF(SUMIF($B$3:$B$23,F3,$D$3:$D$23)>=100000,"○","")
```

G3 =IF(SUMIF($B$3:$B$23,F3,$D$3:$D$23)>=100000,"○","")

	A	B	C	D	E	F	G
1							
2	日付	商品名	顧客名	売上		商品名	10万円以上
3	2021/6/1	きつねうどん	フード食品株式会社	19,700		きつねうどん	
4	2021/6/1	チーズピザ	株式会社カイトウ	15,000		たぬきうどん	○
5	2021/6/1	たぬきうどん	株式会社ホワイト	21,000		チーズピザ	
6	2021/6/2	バジルピザ	スノウ食品株式会社	21,000		バジルピザ	○
7	2021/6/2	チーズピザ	フード食品株式会社	18,700			

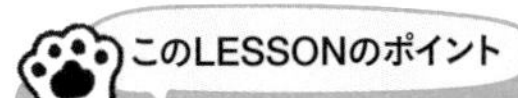

- 関数の引数に関数を指定する(ネスト)ことができる
- 関数のネストはダイアログボックスで間違いなく入力しよう
- IF関数にIF関数をネストすると3通りの結果が表示できる

LESSON 12

VLOOKUP関数

難関VLOOKUP関数をマスターしよう

難関って！　ここまでいろんな関数みてきたから大丈夫だよね。

うん、大丈夫だよ！　VLOOKUP関数って見たことあるんだけど、よくわかんなくて。ここで解決したい！

SECTION

1 VLOOKUP関数とは

▶VLOOKUP関数の動き

VLOOKUP関数は、どういう動きをするのかまずはそこから考えてみましょう。よくPCやスマホのアプリで**郵便番号を入れると住所が自動表示される**という動きがありますが、VLOOKUP関数はこれと同じような動きをExcelのシート上に作ることができます。

▶VLOOKUP関数で入力をラクにする

VLOOKUP関数は、番号入力だけでそれに対応するデータを自動表示してくれます。たとえば、請求書には商品名や単価を入力しますが、**VLOOKUP関数を使えば商品番号を入力するだけで、商品名、単価が自動表示**されます。これなら入力がぐっとラクになります。

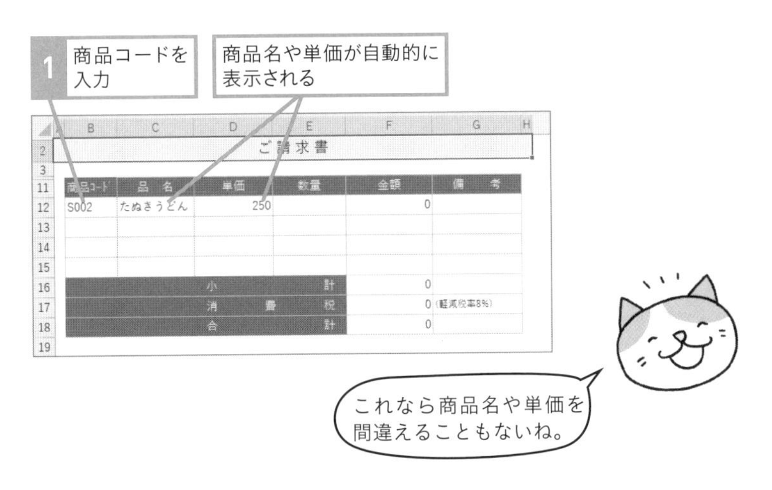

SECTION
2 別表からデータを取り出すVLOOKUP関数

番号入れるだけで商品名が出てくるなんて便利そう！

でもどこから商品名が出てくるんだろう？

▶VLOOKUP関数に必要な表

VLOOKUP関数を使うには、**入力する番号とそれに対応するデータを準備しておく必要**があります。商品コードを入力すると商品名が表示されるVLOOKUP関数の場合、「商品リスト」のような表が必要です。

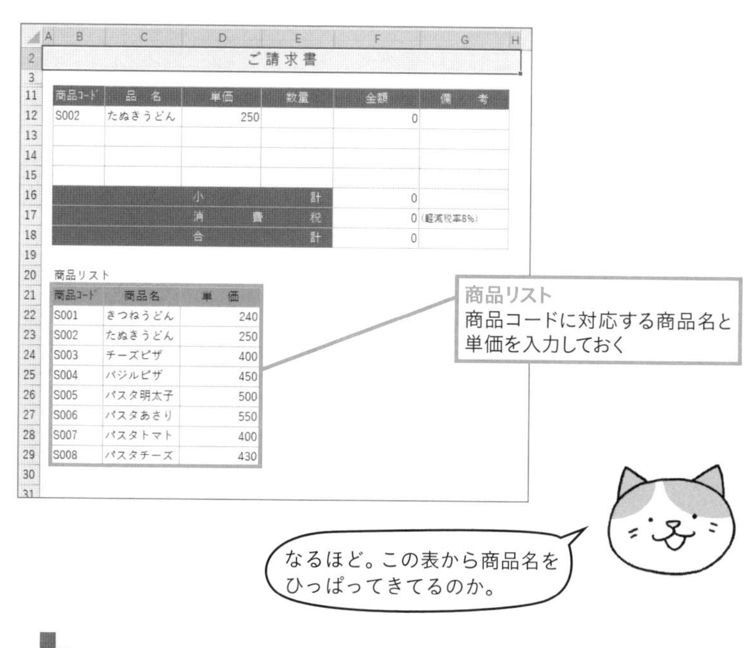

ご請求書

商品コード	品名	単価	数量	金額	備考
S002	たぬきうどん	250		0	
小計				0	
消費税				0	(軽減税率8%)
合計				0	

商品リスト

商品コード	商品名	単価
S001	きつねうどん	240
S002	たぬきうどん	250
S003	チーズピザ	400
S004	バジルピザ	450
S005	パスタ明太子	500
S006	パスタあさり	550
S007	パスタトマト	400
S008	パスタチーズ	430

商品リスト
商品コードに対応する商品名と単価を入力しておく
なるほど。この表から商品名をひっぱってきてるのか。

STEP UP!

VLOOKUP関数に必要な表のルール

番号とそれに対応するデータを1行に入力します。その際、**番号より右の列に対応データを置かなくてはなりません**。隣接していなくてもかまいません。また、表は別シートや別ファイルに作成してあってもかまいません。

商品コード

対応データは［商品コード］列より右に用意する

商品リスト

商品コード	商品名	単価
S001	きつねうどん	240
S002	たぬきうどん	250
S003	チーズピザ	400
S004	バジルピザ	450
S005	パスタ明太子	500
S006	パスタあさり	550
S007	パスタトマト	400
S008	パスタチーズ	430

SECTION

3 コード番号の入力で商品名を表示する

さっそくVLOOKUP関数を入力してみよう。

引数いっぱいある……。それに引数に「FALSE」ってどういうこと??

▶VLOOKUP関数の引数

VLOOKUP関数の引数は、番号が入力されるセル（検索値）、対応データが書かれた表（範囲）、表の何列目を対応データとして表示するか（列番号）、そして、最後に「TRUE」か「FALSE」（検索方法）を指定します。番号に対応するデータを表示する場合は「FALSE」を指定します。「TRUE」については174ページで解説します。

書式 検索値に対応するデータを表から取り出して表示する

=VLOOKUP(検索値,範囲,列番号,検索方法)（ブイルックアップ）

●引数

検索値：番号が入力されるセル

範囲：番号と対応データが書かれた表

列番号：表の何列目を対応データとして表示するか

検索方法：TRUEまたはFALSE。番号に対応するデータを表示する場合は「FALSE」

▶商品コード番号の入力で商品名を表示する 練習用ファイル ▶ 05_12_01.xlsx

引数[検索値]には商品コードを入力するセルを指定します。**引数「範囲」に指定する表は、番号と対応するデータが含まれるように指定**します。ここでは「商品リスト」の「商品コード」と「商品名」が含まれていれば問題ありません。なお、項目名は含みません。引数[列番号]には、表示したい対応データが引数[範囲]の表の何列目かを指定します。ここでは表の左から2列目なので「2」を指定します。

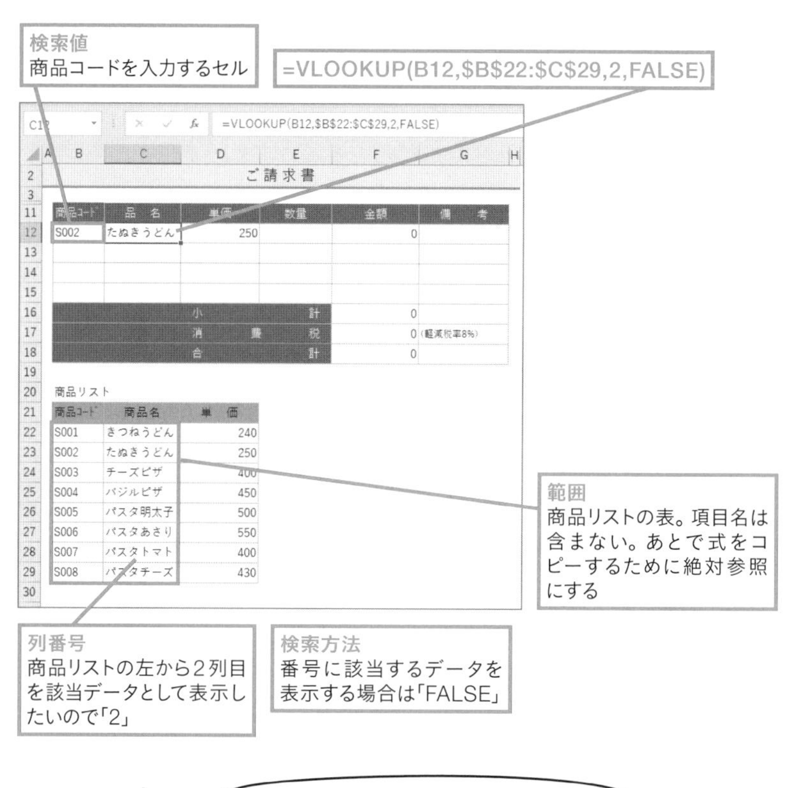

[検索値] に入力された商品コードに対応する、表の2列目の商品名が表示されるんだね。

STEP UP!

最後の引数「TRUE」と「FALSE」の違い

VLOOKUP関数の**最後の引数の「TRUE」または「FALSE」は、入力された番号が表にない場合の処理を指定する**ものです。「FALSE」では番号が表にないときエラーが表示されます。「TRUE」では近い値を探しその対応データを表示します。

● 「TRUE」と「FALSE」の違い

引数［検索方法］	入力された番号が表にない場合の処理
TRUE	近い値（入力番号より小さい）の対応データを表示する （使い方はSECTION 4参照）
FALSE	エラーとする

1 表にない番号を入力

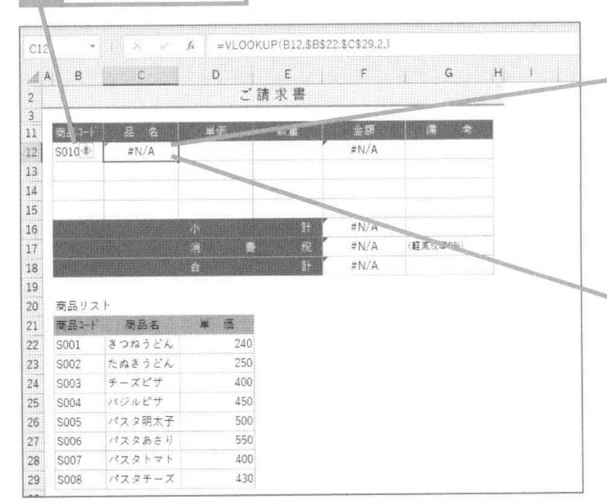

FALSEを指定した場合
エラーが表示される

#N/A

TRUEを指定した場合
番号が近いデータが表示される

パスタチーズ

請求書なら、表にない番号を入力したときエラーが表示されるように「FALSE」なんだね。

エラーが表示されれば間違いに気づけるもんね。よかった。

▶コード番号の入力で単価を表示する　練習用ファイル▶05_12_02.xlsx

引数「範囲」に指定する表は、番号と対応するデータが含まれるように指定します。ここでは、番号に対応する「単価」を表示したいので「商品コード」から「単価」の3列分の範囲を指定します。引数「列番号」には、表の左から3列目の単価を表す「3」を指定します。

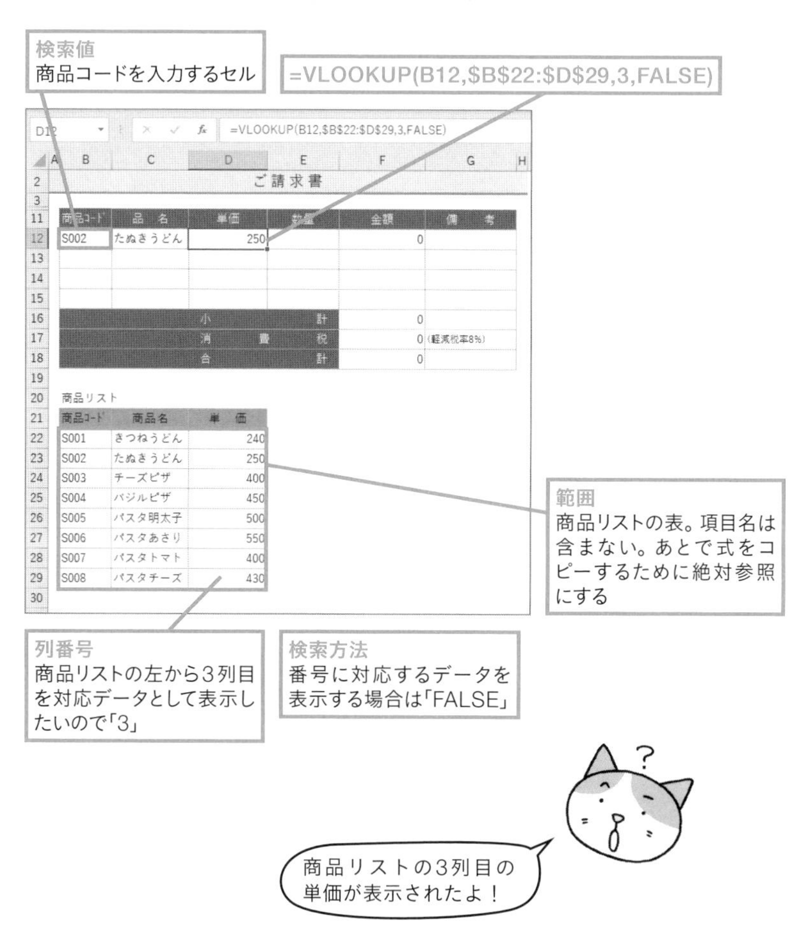

練習用ファイル ▶ 05_12_STEPUP01.xlsx

VLOOKUP関数のエラー処理

品名と単価を表示するVLOOKUP関数をほかの行にコピーすると、番号がない行には「#N/A」のエラーが表示されます。請求書ではエラーが表示されないようにIF関数で処理しておきましょう（127ページ参照）。

下図の例では、IF関数でセルB12が空白（B12=""）なら、結果に空白を表示、空白でなければVLOOKUP関数を実行する式にしています。

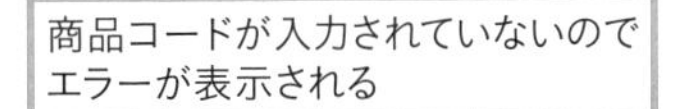

商品コードが入力されていないので
エラーが表示される

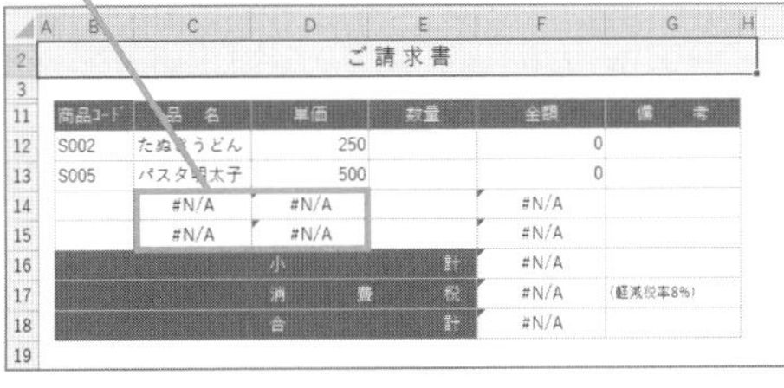

=IF(B12="","",VLOOKUP(B12,
$B$22:$C$29,2,FALSE))

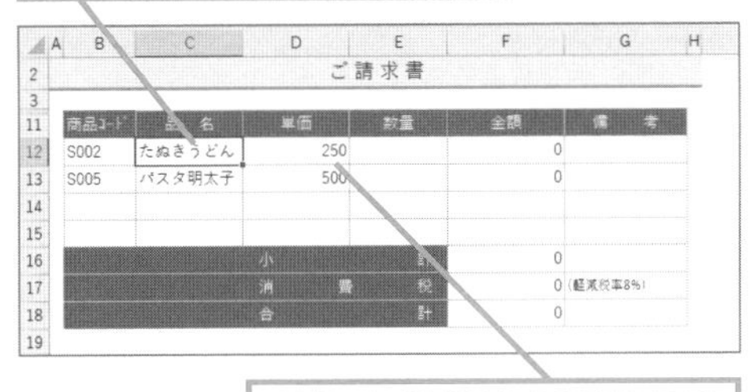

=IF(B12="","",VLOOKUP(B12,
$B$22:$D$29,3,FALSE))

第5章 関数エキスパートを目指そう

SECTION

数値の範囲に該当するデータを表示

難関VLOOKUP関数も無事に突破したね。可愛くん。

でもVLOOKUP関数の引数にTRUEを入れる場合が気になって……。どんなときに使うんだろう？

▶引数「TRUE」を指定する場合

練習用ファイル ▶ 05_12_03.xlsx

ここでは引数に「TRUE」を指定する使い方を見てみましょう。**「TRUE」を指定すると、入力した番号が表にないとき、入力番号より小さく最も近い番号の対応データ**を表示します。

使い方の例として下の「担当者別売上」を見てください。VLOOKUP関数で売上金額がA～Dのどのランクに入るかを表示しています。ランク表示の基準は次の通りです。

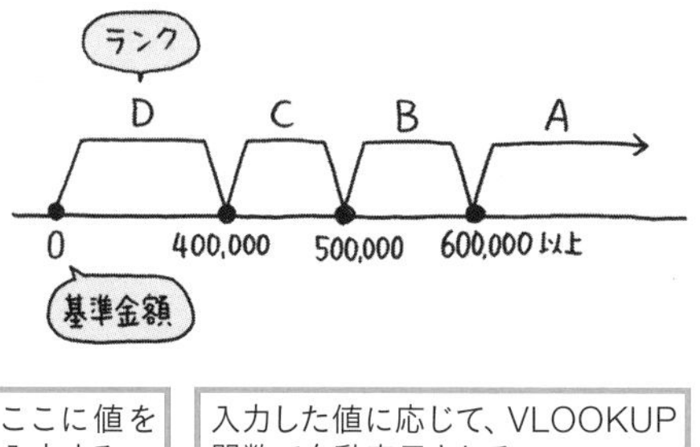

ここに値を入力する

入力した値に応じて、VLOOKUP関数で自動表示される

	A	B	C	D	E
1					
2		担当者別売上			
3		担当者	売上金額	ランク	
4		可愛	520,000	B	
5		猫山	498,000	C	
6		田中	610,000	A	
7		三島	560,000	B	
8		夏目	380,000	D	
9					

=VLOOKUP(C4,$C$13:$D$16,2,TRUE)

可愛くんの520,000は、基準の500,000～600,000の間に入るんだね。

▶VLOOKUP関数の引数「TRUE」のときに必要な基準表

VLOOKUP関数には、対応データの表が必要です。引数に「TRUE」を指定する場合、基準となる数値と対応データの表を用意します。基準値とランクを表す図を例に作成してみましょう。ポイントは基準値を小さい順に並べることです。

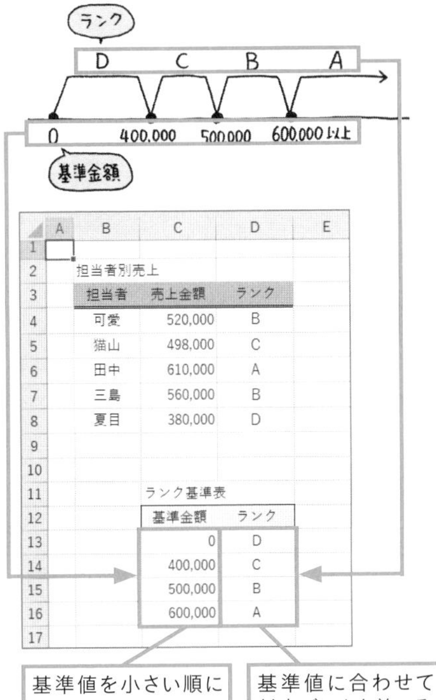

STEP UP!　練習用ファイル ▶ 05_12_STEPUP02.xlsx

別表のデータが増減する場合には

VLOOKUP関数のために用意した「商品リスト」などのデータは増減の可能性があります。その場合、増減するたびにVLOOKUP関数の引数［範囲］を変更しなくてはなりません。この面倒な手間を解消するには、表を「テーブル」にします。テーブルにしておくと引数［範囲］が常に表単位になるので変更の必要はなくなります。

●データが増減する別表をテーブルに変換する

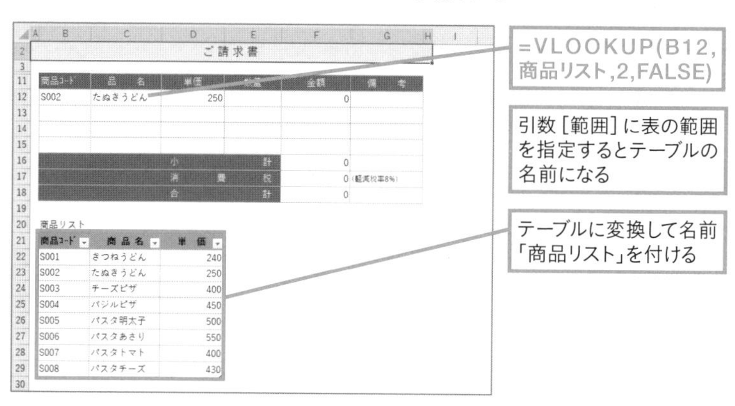

●テーブルに名前を付ける

67ページのSUTEP UP!を参考に、表をテーブルに変換しておく

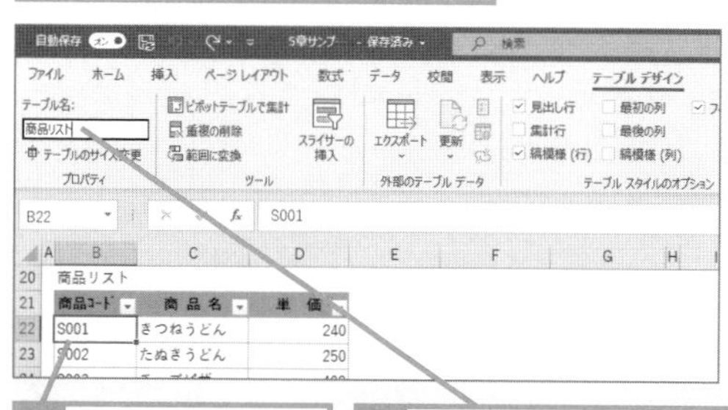

1 テーブル内のセルをクリック

2 ［テーブルデザイン］タブの「テーブル名」にテーブルの名前（わかりやすい表の名前など）を入力

●VLOOKUP関数の引数［範囲］にテーブル名を利用する

VLOOKUP関数の引数［範囲］にテーブル名「商品リスト」を指定する

1 VLOOKUP関数を入力するセルをクリック

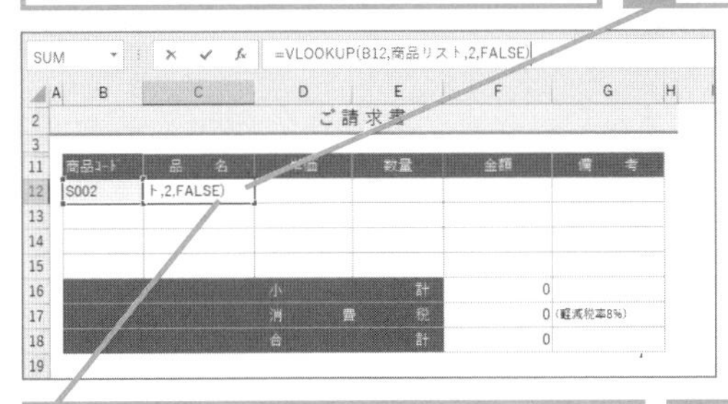

2 「=VLOOKUP(B12,商品リスト,2,FALSE)」と入力

3 Enter キーを押す

テーブルに変換した表の範囲をドラッグするとテーブル名が自動的に表示されるよ。

商品コードに対応する商品名が表示された

テーブルの内容が変更されても、関数式を修正する必要はない

セルC12の式

=VLOOKUP(B12,商品リスト,2,FALSE)

範囲
テーブル名を指定する。表の範囲をドラッグするとテーブル名になる

練習用ファイル ▶ 05_12_STEPUP03.xlsx

XLOOKUP関数を使う

Microsoft 365のExcelでは、VLOOKUP関数に機能が追加されたXLOOKUP関数を使うことができます。XLOOKUP関数では番号に対応するデータがない場合の処理を指定できるなど、VLOOKUP関数より細かい指定が可能です。ここでは、173ページの例（IF関数でエラー処理したVLOOKUP関数）をXLOOKUP関数に置き換えてみましょう。XLOOKUP関数ではエラー処理もいっしょにできます。

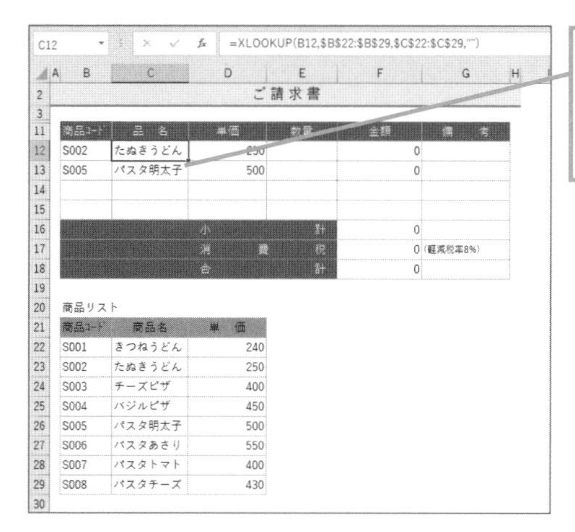
C12 =XLOOKUP(B12,$B$22:$B$29,$C$22:$C$29,"")

ご請求書

商品コード	品名	単価	数量	金額	備考
S002	たぬきうどん	250		0	
S005	パスタ明太子	500		0	
小計				0	
消費税				0	(軽減税率8%)
合計				0	

商品リスト

商品コード	商品名	単価
S001	きつねうどん	240
S002	たぬきうどん	250
S003	チーズピザ	400
S004	バジルピザ	450
S005	パスタ明太子	500
S006	パスタあさり	550
S007	パスタトマト	400
S008	パスタチーズ	430

XLOOKUP関数でB列に入力された商品コードに対応する商品名を表示する。対応する商品名がない場合は空白を表示する

XLOOKUP関数ならわざわざIF関数でエラー処理しなくていいんだ。

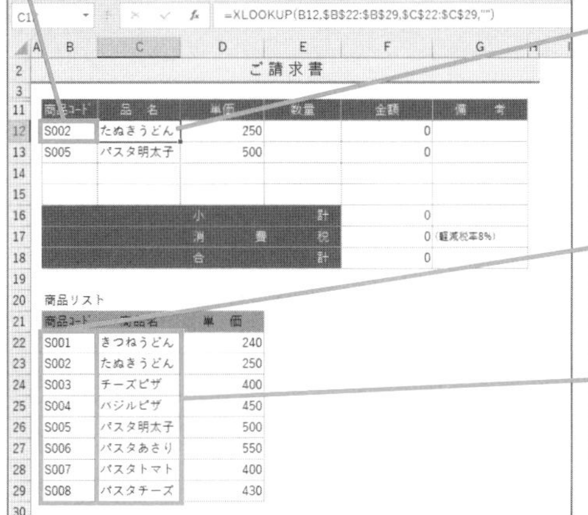

商品コード	品名	単価	数量	金額	備考
S002	たぬきうどん	250		0	
S005	パスタ明太子	500		0	
小計				0	
消費税				0	(軽減税率8%)
合計				0	

商品リスト

商品コード	商品名	単価
S001	きつねうどん	240
S002	たぬきうどん	250
S003	チーズピザ	400
S004	バジルピザ	450
S005	パスタ明太子	500
S006	パスタあさり	550
S007	パスタトマト	400
S008	パスタチーズ	430

=XLOOKUP(B12,$B$22:$B$29,$C$22:$C$29,"")

見つからない場合
空白「""」を表示

検索範囲
商品コードを検索する範囲

戻り範囲
取り出して表示したい商品名の範囲

引数［見つからない場合］がエラーの処理だね。

書式 検索値に該当するデータを範囲から取り出して表示する

エックスルックアップ
=XLOOKUP(検索値,検索範囲,戻り範囲,見つからない場合,一致モード,検索モード)

●引数

検索値：番号が入力されるセル

検索範囲：［検索値］を探す範囲

戻り範囲：取り出して表示したいデータの範囲

見つからない場合：［検索値］が［検索範囲］にない場合の処理。省略可

一致モード：データが見つからない場合の詳細な指定。省略可

検索モード：データを検索する際の詳細な指定。省略可

5 【チャレンジ】VLOOKUP関数を使いこなそう

▶チャレンジ1

社員番号を入力すると、社員名簿にある氏名と部署が自動表示されるようにします。

▶チャレンジ2

「基本配送料」の表を作成し、重量をg単位で入力すると配送料が表示されるようにします。基本配送料は、0～150g未満が200円、150～250g未満が300円、250～500 g未満が400円、500～1000g未満が500円、1000g以上は700円とします。

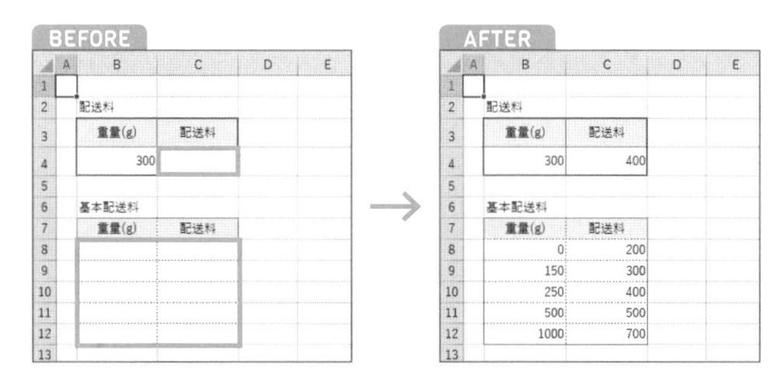

▶チャレンジ1解答

VLOOKUP関数の入力で間違えやすいのは、まず関数式を入力するセルです。式を入力するのは、自動表示させたいセルです。ここでは、社員番号を入力したとき氏名と部署を自動表示させたいので、関数式を入力するのはセルE3とセルF3です。

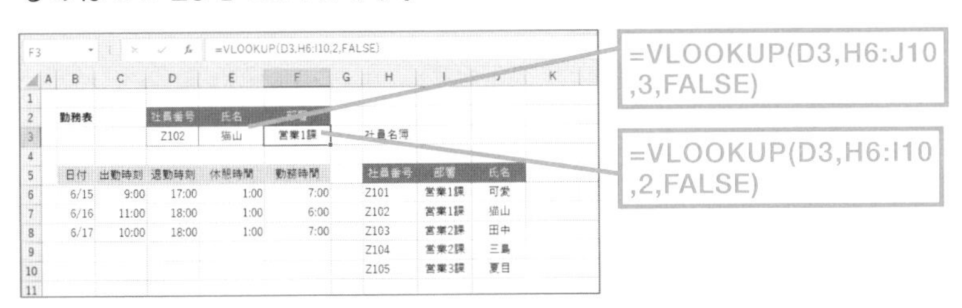

▶チャレンジ2解答

ここでは、入力する重量（セルB4）に該当する数値がない場合に、入力した値より小さい近似値のデータを表示するVLOOKUP関数式を入力します。引数[検索方法]に「TRUE」を指定する式です。「基本配送料」の表を作成したあとVLOOKUP関数の式を入力します。

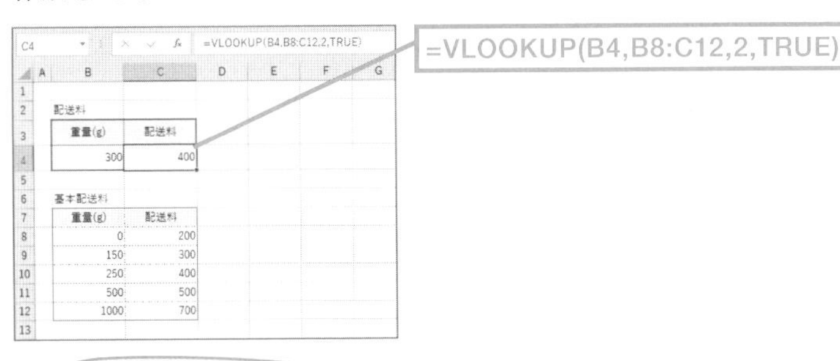

このLESSONのポイント

- VLOOKUP関数は別表から対応するデータをとりだして表示する
- 使い方は引数[検索方法]の「FALSE」と「TRUE」の2通りがある
- 番号やID入力→商品名表示のように完全に一致するデータを取り出す場合は「FALSE」
- 数値→ランク表示のように数値より小さい近似値のデータを取り出す場合は「TRUE」

LESSON 13

データ分析

知っておいて損はないデータ分析の基本関数

データ分析って、AIにまかせておけばいいんじゃないの。

それはいわゆるビッグデータってやつね。そうじゃなくて、普段使えるデータ分析を知りたいな。

SECTION 1

データ分析最初の一歩

▶身近なデータ分析に関数

前年の売上データなど身近なデータを細かく見れば、次につながるヒントが見つかるかもしれません。**データ分析は、データの特徴や傾向をさまざまな角度からさぐること**です。その手助けになるのが関数です。分析に必要な基礎知識を関数と合わせて学びましょう。

分析に必要な想像力と関数

データを分析するには想像力が必要です。「もしかしてこういうこと？」という予想をたてるところから分析は始まります。「売上が落ちたのは人気商品が売れなくなったから？」と想像力を働かせます。関数はそれを検証するためのツールとなります。

SECTION

2 代表値を求めよう

代表値？　なんか数学の授業で聞いたことあるような……。

データ全体をあらわす代表の値だね。平均値も代表値のひとつのはずだけど、ほかにもあったような……。

▶代表値でデータを把握する　練習用ファイル ▶ 05_13_01.xlsx

代表値は**データ全体を代表する値のことで、平均値、中央値、最頻値**があります。ここでは、平均値、中央値を見てみましょう。

AVERAGE関数の平均値は、突出した極端な値が含まれていると実体とはかけ離れた値になってしまいます。そのようなデータには極端な値の影響を受けにくい中央値を求めます。中央値はデータを数値順に並べたとき、ちょうど真ん中に位置する値のことです。MEDIAN関数で求めます。中央値といっしょに見ることで実体により近い値を把握することができます。

● AVERAGE関数

平均値を求める関数。すべての値を使って計算しているので全体が反映される。ただし、突出したデータの影響を受けやすい。

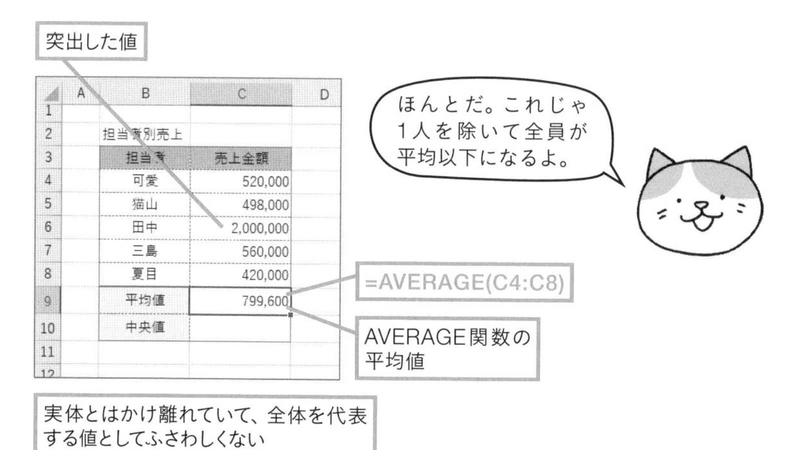

担当者別売上

担当者	売上金額
可愛	520,000
猫山	498,000
田中	2,000,000
三島	560,000
夏目	420,000
平均値	799,600
中央値	

突出した値
=AVERAGE(C4:C8)
AVERAGE関数の平均値
実体とはかけ離れていて、全体を代表する値としてふさわしくない
ほんとだ。これじゃ1人を除いて全員が平均以下になるよ。

● MEDIAN関数

中央値を求める関数。データを並べたときの中央の値を表示するだけなので、全体の値は反映されない。突出したデータの影響は受けにくい。

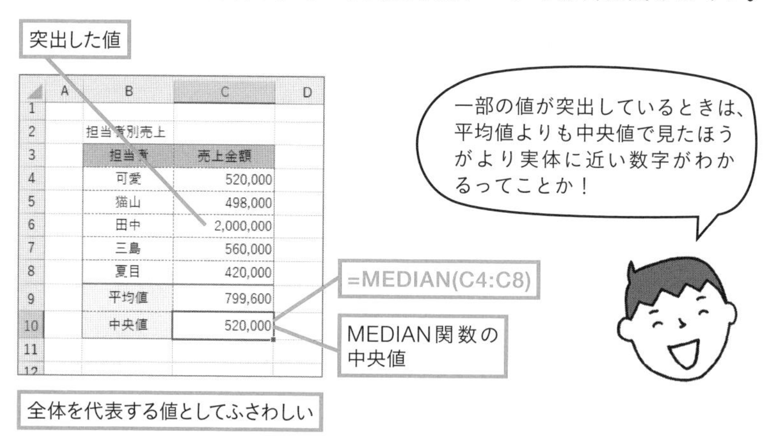

担当者別売上

担当者	売上金額
可愛	520,000
猫山	498,000
田中	2,000,000
三島	560,000
夏目	420,000
平均値	799,600
中央値	520,000

突出した値
=MEDIAN(C4:C8)
MEDIAN関数の中央値
全体を代表する値としてふさわしい
一部の値が突出しているときは、平均値よりも中央値で見たほうがより実体に近い数字がわかるってことか！

▶MEDIAN関数で中央値を求める

MEDIAN関数は、**データを数値順に並べたときの真ん中の値を表示**します。引数は、AVERAGE関数と同じくデータ全体の範囲を指定します。

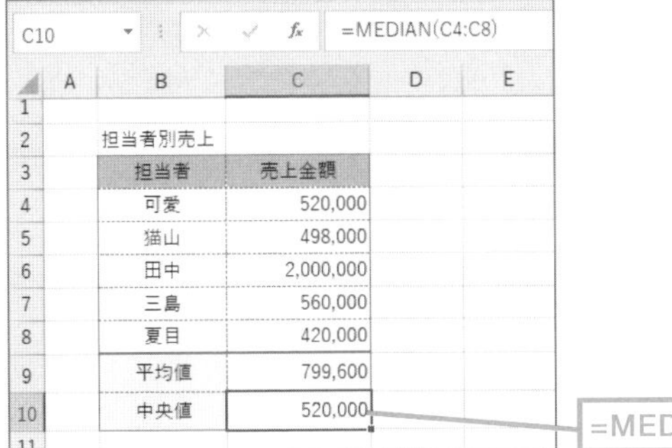

C10 =MEDIAN(C4:C8)

	A	B	C	D	E
1					
2		担当者別売上			
3		担当者	売上金額		
4		可愛	520,000		
5		猫山	498,000		
6		田中	2,000,000		
7		三島	560,000		
8		夏目	420,000		
9		平均値	799,600		
10		中央値	520,000		
11					

=MEDIAN(C4:C8)

書式 数値の中央値を求める

=MEDIAN(数値1, 数値2, ･･･ 数値255)（メジアン）

●引数

数値：中央値を求めたい数値。255個まで指定可能。セル範囲でもOK

STEP UP!

データの個数が偶数の場合

データの個数が奇数ならちょうど真ん中の値を中央値として取り出すことができますが、偶数の場合はどうでしょう。MEDIAN関数では、中央の2つの値の平均を中央値として表示します。

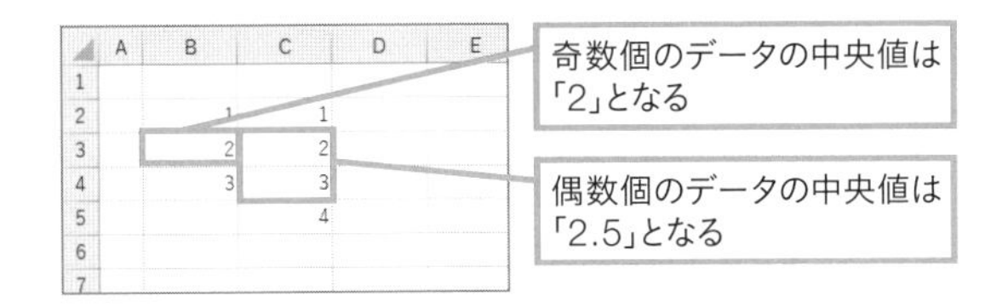
奇数個のデータの中央値は「2」となる
偶数個のデータの中央値は「2.5」となる

	A	B	C	D	E
1					
2		1	1		
3		2	2		
4		3	3		
5			4		
6					
7					

STEP UP!

「0」や空白セルが含まれる場合

「0」と空白セルは同じように思えますが、関数での扱いは異なります。「0」はAVERAGE関数でもMEDIAN関数でも１つのデータとして扱います。空白セルは、AVERAGE関数でもMEDIAN関数でもデータとしては扱わず、無視します。
「0」はデータによっては突出した値です。ほかの値が万単位であるとしたら**「0」は何らかの理由による異常データといえます**。平均値や中央値の対象にしたくない場合は、「0」を空白セルにする手もありです。

SECTION

3 最頻値で多数派を知ろう

データの中に同じ値がいっぱいあったら、それがグループの代表っていってもいいんじゃないかなぁ。

猫山くん！　するどい！　それが最頻値だよ！

▶最頻値を求めるには

練習用ファイル ▶ 05_13_02.xlsx

最頻値は頻度の一番多い値のことです。最も多いデータですから、多数派ということでデータ全体の代表値といえます。最頻値は、MODE.SNGL関数、または、MODE.MULT関数で求めることができます。まずSNGLとMULTの違いを見てみましょう。

● MODE.SNGL関数

MODE.SNGL関数は1つの最頻値を表示します。もし、最頻値が複数あった場合、先に登場する最頻値が表示されます。

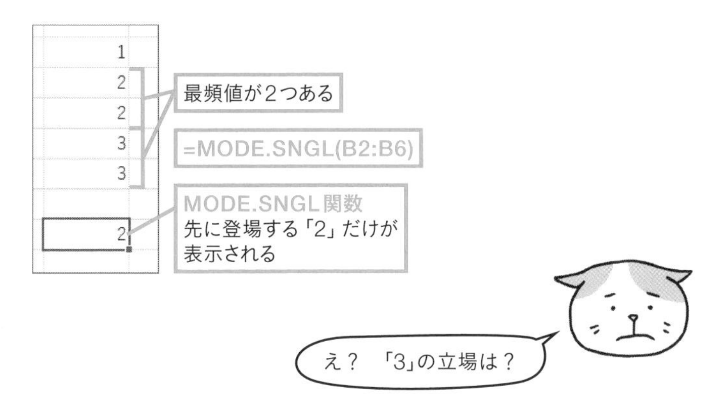

● MODE.MULT関数

MODE.MULT関数は複数の最頻値を表示することができます。ただし、複数の結果を想定して「配列数式」として入力する必要があります。

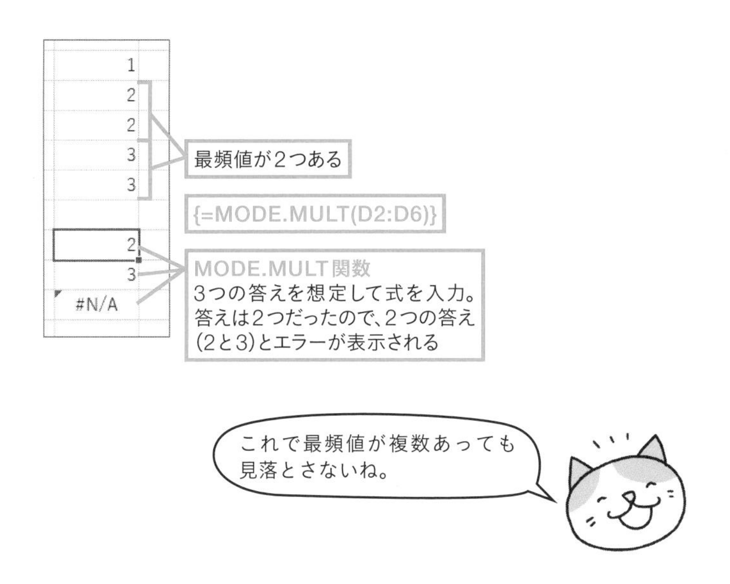

STEP UP!

「配列数式」とは

通常、1つの式に対し答えは1つです。しかし、MODE.MULT関数は、1つの式に対し答えが複数になる可能性があります。このような場合、答えを表示したい複数セルに対して1つの式を入力します。その式を「**配列数式**」といいます。配列数式は、下記の①〜②の方法で入力する決まりです。式は｛｝で括られます（190ページ参照）。

●操作例

①答えを表示したい複数セルを範囲指定

②式を入力し Shift ＋ Ctrl ＋ Enter キーを押す

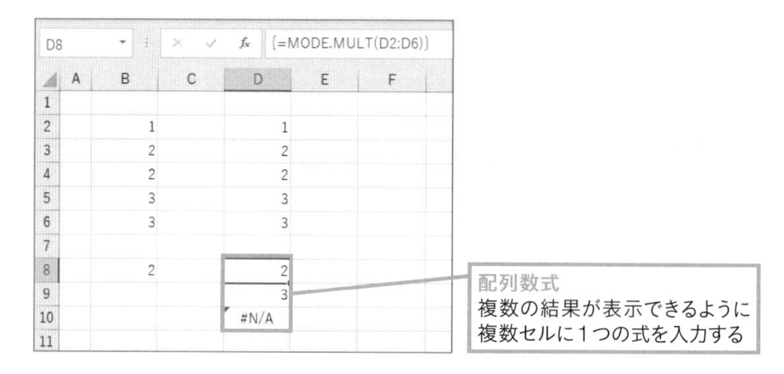

▶MODE.SNGL関数で最頻値を求める　練習用ファイル ▶ 05_13_03.xlsx

アンケートの回答（1～3）から最も多い回答をMODE.SNGL関数で調べてみましょう。下図の例では、最も多い回答が複数(2と3)ありますが、最初にでてくる「2」が結果として表示されます。

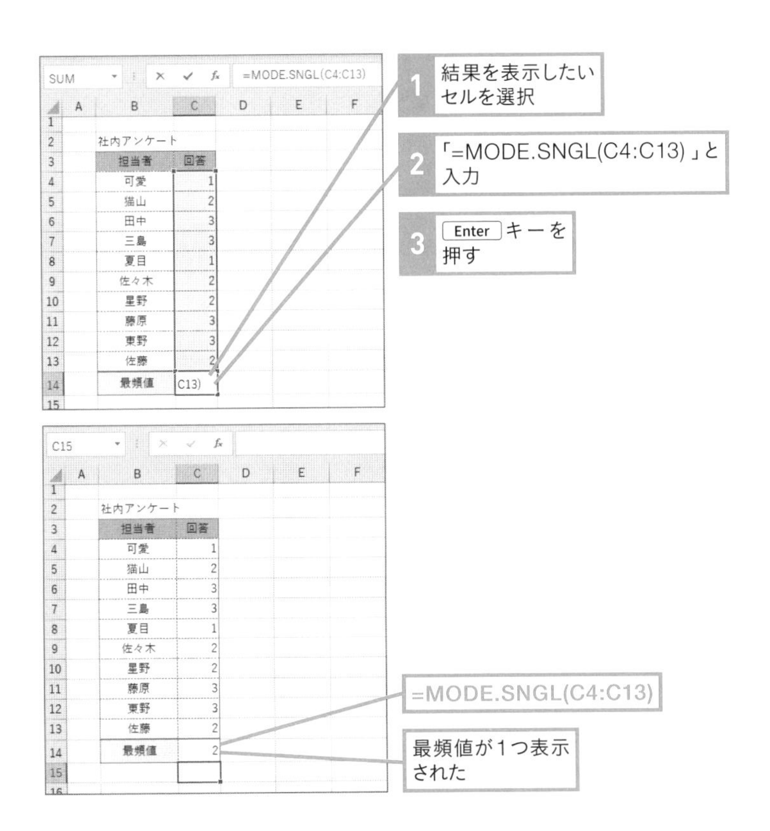

書式 数値の最頻値を求める

モード・シングル
=MODE.SNGL(数値1, 数値2, ･･･ 数値255)

●引数

数値：最頻値を探したい数値が入力されたセル範囲を指定

▶MODE.MULT関数で最頻値を求める 練習用ファイル▶05_13_04.xlsx

MODE.MULT関数を**配列数式として入力します**。ここでは、アンケートの回答(1～3)から最頻値を求めますが、結果は多くても3つなので、結果を表示したい3つのセルに対してMODE.MULT関数を入力します。**入力には Shift + Ctrl + Enter キーを使います**。入力した式は{ }で括られます。

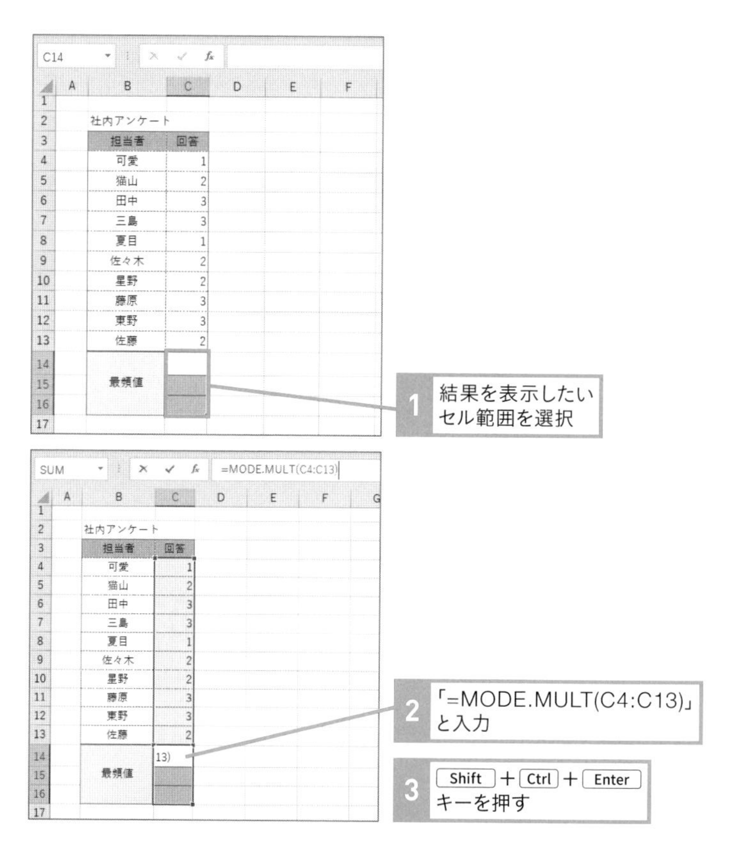

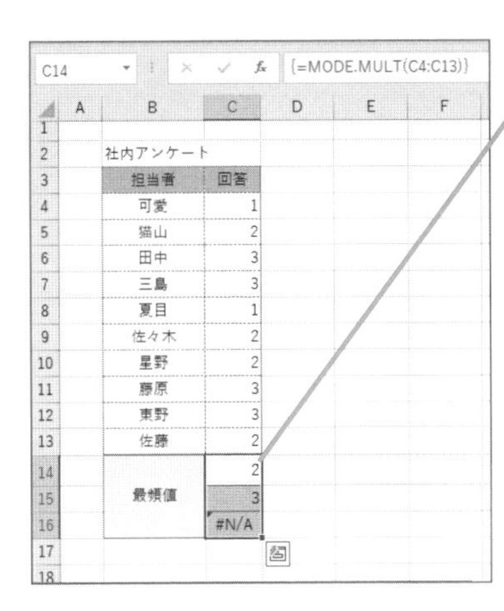

{=MODE.MULT(C4:C13)}
{ } で括られた式が入力された。最頻値は2つだったので3つ目のセルにはエラーが表示された

関数式を削除するときは、操作1のセル範囲を選択して Delete キーを押す

1つの式の結果が複数個ある場合に特別に配列数式を入力するんだね。

普通は1つの式に1つの結果だもんね。

書式 データ全体の最頻値（複数）を求める

{=MODE.MULT(数値1, 数値2, ・・・ 数値255)}
（モード・マルチ）

●引数

数値：最頻値を求めたい数値。255個まで指定可能。セル範囲でもOK

STEP UP!

MODE.MULT関数を1つのセルに入力

Microsoft 365のExcelの場合、MODE.MULT関数を配列数式として入力する必要はありません。自動的に複数の結果が表示されます。

	A	B	C	D	E	F
1						
2		社内アンケート				
3		担当者	回答			
4		可愛	1			
5		猫山	2			
6		田中	3			
7		三島	3			
8		夏目	1			
9		佐々木	2			
10		星野	2			
11		藤原	3			
12		東野	3			
13		佐藤	2			
14		最頻値	2			
15			3			
16						
17						

=MODE.MULT(C4:C13)
MODE.MULT関数を配列数式として入力しなくても自動的に複数の結果が表示される

複数の結果がある場合、隣接するセルに自動表示される

SECTION

4 度数分布を調べる

度数分布を調べるのってすごく大変だよね。関数でできるんなら、すばらしいんだけど。

まって、度数分布って何？

▶度数分布とは

度数分布は、**数値データをあらかじめ決めた区間に当てはめ、区間ごとにデータの個数をみる**ものです。データのおおまかな散らばり具合をみることができ全体を把握するのに役立ちます。たとえば、年齢データの場合、年代（20代や30代）ごとの個数を調べ、年齢層による傾向を見ます。

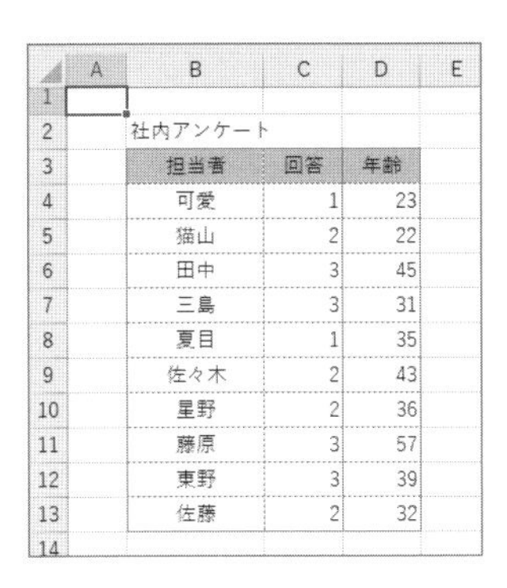

	A	B	C	D	E
1					
2		社内アンケート			
3		担当者	回答	年齢	
4		可愛	1	23	
5		猫山	2	22	
6		田中	3	45	
7		三島	3	31	
8		夏目	1	35	
9		佐々木	2	43	
10		星野	2	36	
11		藤原	3	57	
12		東野	3	39	
13		佐藤	2	32	
14					

▶FREQUENCY関数で度数分布を調べる　練習用ファイル ▶ 05_13_05.xlsx

FREQUENCY関数は、**数値データの区間ごとの個数を表示**します。数値がどの区間に含まれるかも関数が調べてくれるので、あらかじめ年齢を年代に置き換えるなどの必要はありません。ただし、区間を表す数値（区間の最大値）の準備が必要です。なお、FREQUENCY関数は配列数式（188ページ参照）として入力します。

	A	B	C	D	E	F	G	H
1								
2		社内アンケート				区間		
3		担当者	回答	年齢		年代	人数	
4		可愛	1	23		29		
5		猫山	2	22		39		
6		田中	3	45		49		
7		三島	3	31		59		
8		夏目	1	35				
9		佐々木	2	43				
10		星野	2	36				
11		藤原	3	57				
12		東野	3	39				
13		佐藤	2	32				
14								

1 セルG4～G7を選択

2 数式バーに「=FREQUENCY(D4:D13,F4:F7)」と入力

3 Ctrl ＋ Shift ＋ Enter キーを押す

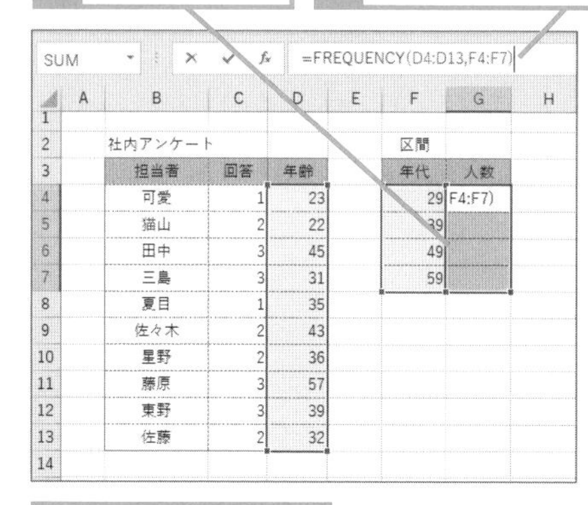

G4～G7に配列数式が入力された

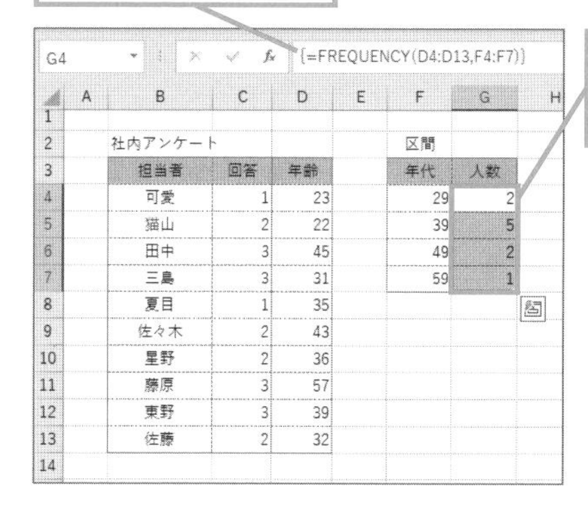

担当者	回答	年齢
可愛	1	23
猫山	2	22
田中	3	45
三島	3	31
夏目	1	35
佐々木	2	43
星野	2	36
藤原	3	57
東野	3	39
佐藤	2	32

年代	人数
29	2
39	5
49	2
59	1

{=FREQUENCY(D4:D13,F4:F7)}
{ } で括られた式が入力された。年代別に人数が表示された

すごい！　一気に度数分布表ができたよ！

書式 度数分布を調べる

{=FREQUENCY(データ配列,区間配列)}（フリークエンシー）

●引数

データ配列：度数分布を調べたい数値データ

区間配列：区間を示す数値の範囲

SECTION
5 相関関係を見つける

相関関係って、Xが変わったらYも変わるってことだよね?

そうそう。でも関数で相関関係ってわかるのかな? どうやって表すんだろう?

▶相関関係とは

相関関係は、**一方のデータが変わるともう一方も変化する関係**のこと。たとえば、気温が上がるとアイスクリームの売上が上がるなら相関関係があるといえます。関数では**相関関係の強さの目安となる「相関係数」**(-1 ～ 1)を求めます。

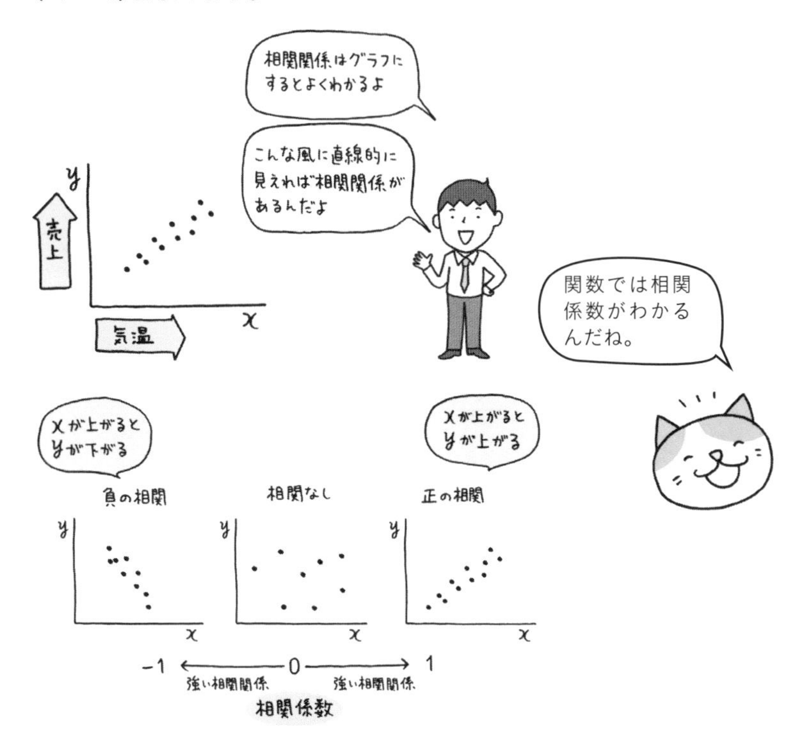

▶CORREL関数で相関係数を求める　練習用ファイル▶05_13_06.xlsx

相関関係の目安になる相関係数はCORREL関数で求めます。相関関係は「Xが上がるとYに変化があるかも？」と想定して調べますが、このときのXのデータとYのデータをCORREL関数の引数に指定します。

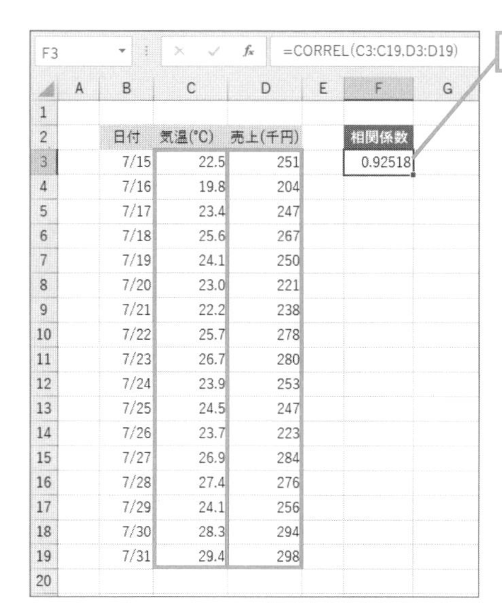

F3　=CORREL(C3:C19,D3:D19)

	A	B	C	D	E	F	G
1							
2		日付	気温(°C)	売上(千円)		相関係数	
3		7/15	22.5	251		0.92518	
4		7/16	19.8	204			
5		7/17	23.4	247			
6		7/18	25.6	267			
7		7/19	24.1	250			
8		7/20	23.0	221			
9		7/21	22.2	238			
10		7/22	25.7	278			
11		7/23	26.7	280			
12		7/24	23.9	253			
13		7/25	24.5	247			
14		7/26	23.7	223			
15		7/27	26.9	284			
16		7/28	27.4	276			
17		7/29	24.1	256			
18		7/30	28.3	294			
19		7/31	29.4	298			
20							

=CORREL(C3:C19,D3:D19)

相関係数「0.9」ってことは、
強い正の相関だね。

書式　2つのデータの相関係数を調べる

=CORREL(配列1,配列2)（コリレーション）

●引数

配列1：1つ目のデータの範囲（Xのデータの範囲）

配列2：2つ目のデータの範囲（Yのデータの範囲）

STEP UP!　　練習用ファイル ▶ 05_13_STEPUP.xlsx

グラフを作ってみよう

データの特徴や傾向をてっとり早く分析する方法としてグラフがあります。数値データをグラフ化することで視覚的にデータの様子を確認することができます。このLESSONで使用したデータをグラフにして確かめてみましょう。

●グラフの作成方法

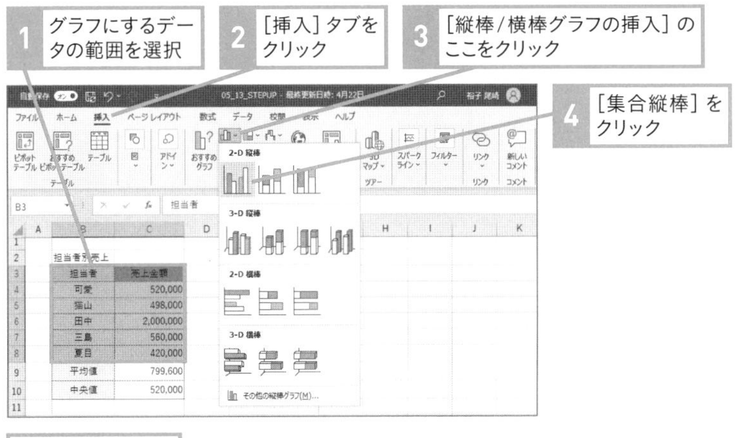

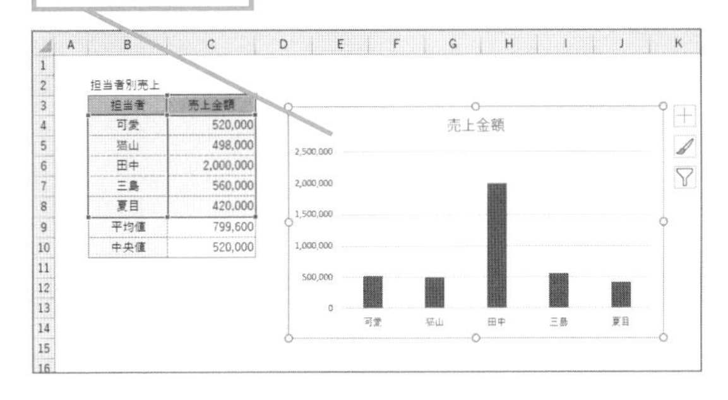

●SECTION 2　代表値を求めよう

売上金額の棒グラフを作成します。極端なデータが含まれていることが一目でわかり代表値を求めるときの参考になります。

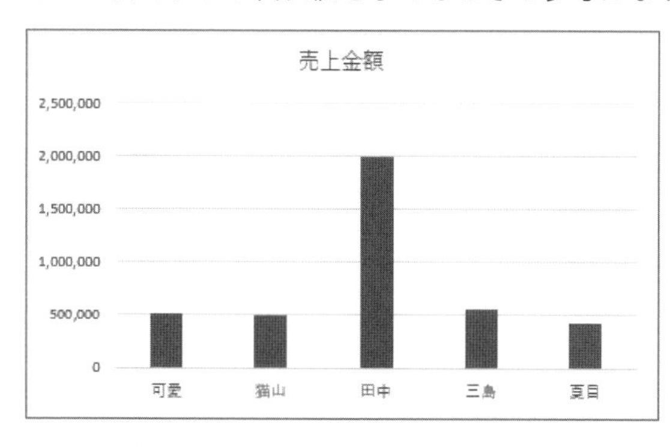

棒グラフ
極端なデータが含まれていることが一目でわかる

●SECTION 4　度数分布を調べる

FREQUENCY関数で求めた年代別のデータの個数を棒グラフにします。度数分布を視覚的に表すヒストグラム(統計グラフの一種)になります。

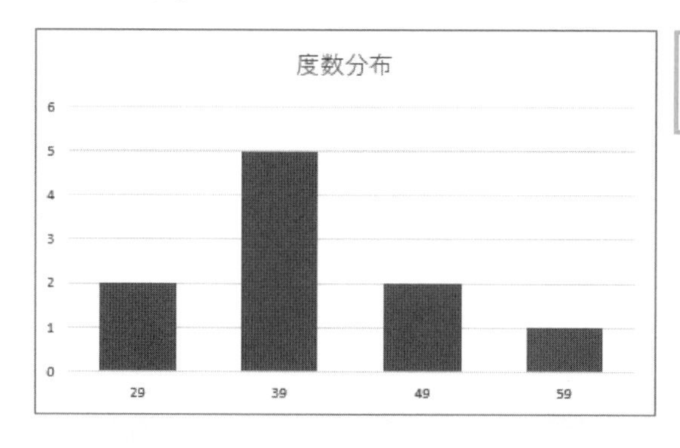

ヒストグラム
度数分布を視覚的に表す

●SECTION 5　相関関係を見つける

相関関係がありそうな2つのデータから散布図を作成します。CORREL関数で調べた相関係数とともに相関関係を判定する材料になります。

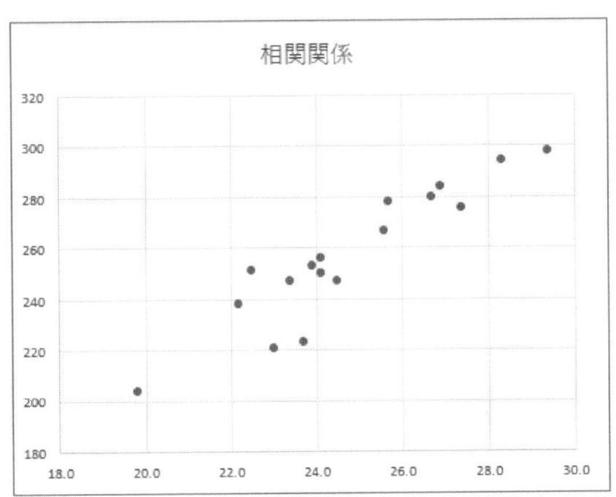

散布図
CORREL関数で調べた相関係数とともに相関関係を判定できる

関数の結果だけ見ても、どんな意味があるか考えるのは難しいけど、グラフならイメージしやすいね。

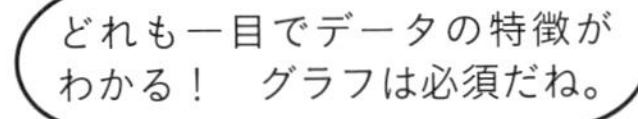

どれも一目でデータの特徴がわかる！　グラフは必須だね。

6 【チャレンジ】データを分析してみよう

▶チャレンジ1

担当者別売上の表を完成させましょう。「担当者人数」、「売上平均」、「売上中央値」を求めます。

BEFORE

	A	B	C	D
1				
2		担当者別売上		
3		担当者	売上金額	
4		可愛	520,000	
5		猫山	500,000	
6		田中	510,000	
7		三島	560,000	
8		夏目	440,000	
9		佐々木	620,000	
10		星野	710,000	
11		藤原	398,000	
12		東野	1,200,000	
13		佐藤	1,000,000	
14		担当者人数		
15		売上平均		
16		売上中央値		
17				

↓

AFTER

	A	B	C	D
1				
2		担当者別売上		
3		担当者	売上金額	
4		可愛	520,000	
5		猫山	500,000	
6		田中	510,000	
7		三島	560,000	
8		夏目	440,000	
9		佐々木	620,000	
10		星野	710,000	
11		藤原	398,000	
12		東野	1,200,000	
13		佐藤	1,000,000	
14		担当者人数	10	
15		売上平均	645,800	
16		売上中央値	540,000	
17				

▶チャレンジ2

売上金額にはバラつきがあるようです。金額を30万円台から10万円ごとに区切り分布を確かめてみましょう。

BEFORE

	A	B	C	D	E	F
1						
2		担当者別売上				
3		担当者	売上金額			
4		可愛	520,000			
5		猫山	500,000			
6		田中	510,000			
7		三島	560,000			
8		夏目	440,000			
9		佐々木	620,000			
10		星野	710,000			
11		藤原	398,000			
12		東野	1,200,000			
13		佐藤	1,000,000			
14		担当者人数	10			
15		売上平均	645,800			
16		売上中央値	540,000			
17						

↓

AFTER

	A	B	C	D	E	F	G
1							
2		担当者別売上					
3		担当者	売上金額		区間	人数	
4		可愛	520,000		399,999	1	
5		猫山	500,000		499,999	1	
6		田中	510,000		599,999	4	
7		三島	560,000		699,999	1	
8		夏目	440,000		799,999	1	
9		佐々木	620,000		899,999	0	
10		星野	710,000		999,999	0	
11		藤原	398,000		1,099,999	1	
12		東野	1,200,000		1,199,999	0	
13		佐藤	1,000,000		1,299,999	1	
14		担当者人数	10				
15		売上平均	645,800				
16		売上中央値	540,000				
17							

▶チャレンジ1解答

それぞれに関数を入力します。「担当者人数」にCOUNT関数を入力し、全体のデータ件数を求めます。「売上平均」にAVERAGE関数、「売上中央値」にMEDIAN関数を入力します。

	A	B	C	D
1				
2		担当者別売上		
3		担当者	売上金額	
4		可愛	520,000	
5		猫山	500,000	
6		田中	510,000	
7		三島	560,000	
8		夏目	440,000	
9		佐々木	620,000	
10		星野	710,000	
11		藤原	398,000	
12		東野	1,200,000	
13		佐藤	1,000,000	
14		担当者人数	10	
15		売上平均	645,800	
16		売上中央値	540,000	
17				

=COUNT(C4:C13)

=AVERAGE(C4:C13)

=MEDIAN(C4:C13)

平均値を信用して、次の対策をうつのは危険だね。中央値もいっしょに見なくちゃ。

▶チャレンジ2解答

区間を示す数値を用意します。数値は区間の最大値（30万円台なら399,999）を入力します。FREQUENCY関数を配列数式として入力し、区間ごとの分布を調べます。

区間の最大値を入力する

	A	B	C	D	E	F	G
1							
2		担当者別売上					
3		担当者	売上金額		区間	人数	
4		可愛	520,000		399,999	1	
5		猫山	500,000		499,999	1	
6		田中	510,000		599,999	4	
7		三島	560,000		699,999	1	
8		夏目	440,000		799,999	1	
9		佐々木	620,000		899,999	0	
10		星野	710,000		999,999	0	
11		藤原	398,000		1,099,999	1	
12		東野	1,200,000		1,199,999	0	
13		佐藤	1,000,000		1,299,999	1	
14		担当者人数	10				
15		売上平均	645,800				
16		売上中央値	540,000				
17							

{=FREQUENCY(C4:C13,E4:E13)}

このLESSONのポイント

- データ分析の基礎知識、基礎関数を身につけよう
- 平均値、中央値、最頻値でデータ全体の傾向や特徴を把握しよう
- データのバラつき具合を見るにはFREQUENCY関数を使おう
- 2つのデータの相関関係を見るにはCORREL関数を使おう

EPILOGUE

最後の章はネスト、VLOOKUP関数、データ分析……と盛りだくさんで、頭をいっぱい使ったね！

ネストは関数をどう組み合わせるかを考えたし、VLOOKUP関数はTRUEとFALSEの使い分けを考えたし……。かなり賢くなった気がする！

なになに、賢くなったって？

はい！　関数のおかげでいろんなこと考えました。

課長、気が付いたんですが、関数は結果を出して終わりじゃないんですね。結果からいろんなことが見えてくるんですね。

すばらしい！　ふたりとも最初に集計を頼んだときとは見違えたよ！

これから関数を使いこんで、経験を重ねて、まだまだ成長します。期待しててください！

「関数ってなに?」からはじめたふたりは、いろんな関数を学び、ひとつずつ確実にこなすことで自信がついたようです。関数は知るたびに、新しい発見がまだまだあります。可愛くん、猫山くん、これからも機会あるごとに関数に触れていこうね。

INDEX

記号・数字

アルファベット

ア

カ

サ

タ

ナ

ハ

ラ

■著者

尾崎裕子（おざき ゆうこ）

プログラマーの経験を経て、コンピューター関連のインストラクターとなる。企業におけるコンピューター研修指導、資格取得指導、汎用システムのマニュアル作成などにも携わる。現在はコンピューター関連の雑誌や書籍の執筆を中心に活動中。主な著書に『できるExcel関数 Office365/2019/2016/2013/2010対応 データ処理の効率アップに役立つ本』『テキパキこなす！ ゼッタイ定時に帰る エクセルの時短テク121』（共著）（以上、インプレス）、『今すぐ使えるかんたんEx Excel文書作成[決定版]プロ技セレクション[Excel 2016/2013/2010対応版]』（技術評論社）、『Excel 5000万人の入門BOOK』（共著：宝島社）、『会社でExcelを使うということ。』（共著：SBクリエイティブ）などがある。

STAFF

カバー・本文デザイン　吉村朋子
カバー・本文イラスト　坂木浩子
DTP制作　町田有美・田中麻衣子

デザイン制作室　今津幸弘<imazu@impress.co.jp>
鈴木　薫<suzu-kao@impress.co.jp>
制作担当デスク　柏倉真理子<kasiwa-m@impress.co.jp>

編集・制作　高木大地

編集　高橋優海<takah-y@impress.co.jp>
編集長　藤原泰之<fujiwara@impress.co.jp>

■商品に関する問い合わせ先

このたびは弊社商品をご購入いただきありがとうございます。本書の内容などに関するお問い合わせは、下記のURLまたはQRコードにある問い合わせフォームからお送りください。

https://book.impress.co.jp/info/

上記フォームがご利用頂けない場合のメールでの問い合わせ先
info@impress.co.jp

※お問い合わせの際は、書名、ISBN、お名前、お電話番号、メールアドレス に加えて、「該当するページ」と「具体的なご質問内容」「お使いの動作環境」を必ずご明記ください。なお、本書の範囲を超えるご質問にはお答えできないのでご了承ください。

●電話やFAX でのご質問には対応しておりません。また、封書でのお問い合わせは回答までに日数をいただく場合があります。あらかじめご了承ください。

●インプレスブックスの本書情報ページ https://book.impress.co.jp/books/1120101133 では、本書のサポート情報や正誤表・訂正情報などを提供しています。あわせてご確認ください。

■落丁・乱丁本などの問い合わせ先

TEL 03-6837-5016 FAX 03-6837-5023
service@impress.co.jp
（受付時間／10:00～12:00、13:00～17:30土日祝祭日を除く）
※古書店で購入された商品はお取り替えできません。

■書店／販売会社からのご注文窓口

株式会社インプレス 受注センター
TEL 048-449-8040
FAX 048-449-8041
株式会社インプレス 出版営業部
TEL 03-6837-4635

できる イラストで学ぶ 入社1年目からのExcel関数

2021年6月21日 初版発行

著者 尾崎裕子 & できるシリーズ編集部
発行人 小川 亨
編集人 高橋隆志
発行所 株式会社インプレス
〒101-0051 東京都千代田区神田神保町一丁目105番地
ホームページ https://book.impress.co.jp/

印刷所 株式会社廣済堂
ISBN978-4-295-01123-1 C3055
Printed in Japan